GUIDE

CAUTERETS

INDISPENSABLE

AUX TOURISTES ET AUX BAIGNEURS

PAR

A. LEQUEUTRE

Membre de la société Ramond et du Club alpin français

AVEC UNE CARTE GÉOGRAPHIQUE DES PYRÉNÉES CENTRALES

PAU

G. CAZAUX, LIBRAIRE-ÉDITEUR

CAUTERETS, RUE DE LA [illegible]

GUIDE

DE

CAUTERETS

INDISPENSABLE

AUX TOURISTES ET AUX BAIGNEURS

PAR

A. LEQUEUTRE

Membre de la société Ramond et du Club alpin français.

PAU
G. CAZAUX, LIBRAIRE-ÉDITEUR
CAUTERETS
1, RUE DE LA RAILLÈRE, 1

PRÉFACE

Ce petit livre n'a pas la prétention de remplacer l'excellent guide général de M. Ad. Joanne, le guide des grandes ascensions de M. le comte H. Russel-Killough et le guide *To The Pyrénées* de M. Ch. Packe; son but, plus modeste, est d'offrir, sous un format commode, aux baigneurs et aux touristes qui viennent à Cauterets, des indications précises sur la ville, les eaux (1) et les excursions à faire dans les montagnes des environs.

A moins d'avis contraire, les altitudes sont indiquées au-dessus du niveau de la mer; la durée des courses est basée sur la marche d'un bon piéton ordinaire.

Si nous réussissons à déterminer quelques touristes à explorer cette admirable partie des Pyrénées centrales, nous nous estimerons très heureux.

A. LEQUEUTRE.

1er mai 1875.

(1) Les renseignements sur les eaux ont été pris dans les ouvrages de M. le docteur Moinet.

PARIS A LOURDES

Pour se rendre de Paris à Lourdes on a le choix entre trois voies pendant la saison des bains :

1° Par Bordeaux et Pau 857 kil. — Trajet par l'express, 1re classe, 18 h. 38 m. — Prix : 105f 60c.

2° Par Bordeaux et Tarbes 852 kil. — Trajet par l'express, 1re classe, 21 h. 10 m. — Prix : 104f 75c.

3° Par Limoges, Agen, Auch et Tarbes. C'est le trajet le plus direct par les trains omnibus, 29 h. 10 m. — Prix : 2e classe, 76f 60; 3e classe, 55f 60.

Lourdes.

Chef-lieu de canton. — Altitude (1) 422 m. au-dessus du niveau de la mer. — Siège du tribunal de 1re instance de l'arrondissement d'Argelès. — 4,714 habitants. — Marbrière et ardoisière. — Commerce de vaches laitières renommées. — Fabrique de chocolat.

HOTELS : *de la Poste, des Pyrénées, de France, de la Grotte, Maumus, du Commerce.*

Ces hôtels ont des omnibus à la gare à l'arrivée de chaque train. Ces omnibus font aussi le service de la Grotte (aller et retour, 1f 50c).

La ville de Lourdes, vue de la station du chemin de fer, offre un aspect très pittoresque : le vieux château, construit sur une roche calcaire que contourne le Gave de Pau, l'église monumentale de Notre-Dame de Lourdes, la vieille église paroissiale dont le chœur date en partie du XIe siècle et les maisons blanches qui l'entourent, les vertes prairies traversées par le Gave ; le pic de Ger et l'entrée du Lave-

(1) A moins d'indications contraires, toutes les altitudes sont au-dessus du niveau de la mer.

dan dominée au sud par la flèche aigüe du pic de Viscos et au loin par les sommités neigeuses qui se dressent au delà des lacs glacés d'Estom-Soubiran, composent un de ces tableaux qui se gravent dans la mémoire et que l'on ne peut oublier.

La vieille forteresse féodale avec sa haute tour, attire surtout le regard. Ancien castellum romain, devenu au dire de la tradition le refuge des Sarrazins fuyant devant Charles-Martel, le château de Lourdes, sous le nom de Mirambel, aurait arrêté pendant plusieurs mois Charlemagne et son armée; la famine seule aurait forcé l'émir Mirat à se rendre. Eclairé par les conseils de l'évêque du Puy en Velay, l'émir se serait fait baptiser et aurait fait hommage de Mirmabel devenu Lordes à Notre-Dame du Puy. Plus tard, en 1062, Bernard Ier, comte de Bigorre, aurait constitué à Notre-Dame du Puy une rente annuelle et perpétuelle de 60 sous morlaas.

Le fait de la suzeraineté de Notre-Dame du Puy était reconnu au XIIIe siècle, car le chapitre du Puy vendit son droit 3200 livres à Henri III, roi d'Angleterre, et l'évêque et le chapitre ayant ensuite demandé l'annulation de ce contrat devant le Parlement de Paris, un arrêt de 1290 leur donna gain de cause contre le roi d'Angleterre et leur rendit la suzeraineté de Lourdes et du comté de Bigorre. En 1294, Philippe-le-Bel, époux de Jeanne de Navarre, réunit, à titre de sequestre, le comté de Bigorre à la France, et en 1307 l'église du Puy lui fit cession de ses droits moyennant le paiement d'une rente de 300 livres tournois ; mais par suite des clauses du traité de Brétigny, le 19 juillet 1363, les consuls de Lourdes, etc., durent se rendre en l'église St-André, de Bordeaux, pour prêter foi et hommage au Prince Noir, représentant du roi d'Angleterre.

Les Albigeois, réfugiés dans « ce chastel impossible à prendre » avaient repoussé, de 1214 à 1218, toutes les tentatives de Simon de Montfort ; Pierre-Arnaud de Béarn, cousin ou frère naturel de Gaston-Phœbus, comte de Foix, gouverneur de Lourdes pour les Anglais, repoussa également toutes les attaques du duc d'Anjou et des habitants du Lavedan et de tout le Bigorre, révoltés contre la domination anglaise. Attiré à Orthez par Gaston-Phœbus, Pierre-Arnaud refusa de rendre le château qui lui avait été confié : « Quand le comte de Foix eut entendu cela, « tirant sa dague : Oh ! oh ! traître, as-tu dit que « non ! et le férit de cinq coups de sa dague.... « le chevalier disait : Oh ! Monseigneur, vous ne « faites pas gentillesse, vous m'avez mandé et vous « m'occiez; et mourut bientôt après. » Jean de Béarn son frère continua la défense et ce ne fut que plus tard, le 26 mai 1406, après dix-huit mois de siége, que la forteresse fut occupée par les Français.

Au mois de juin 1573, le baron d'Arros, chef des réformés, échoua dans sa tentative d'escalade sur Lourdes défendu par les montagnards du Lavedan, et le château resta aux catholiques, tout en résistant aux ligueurs. Après l'avénement de Henri de Navarre au trône de France, le château, gardé par les habitants et par quelques vieux soldats, devint, au XVIIe et au XVIIIe siècle, une prison d'Etat. De nos jours, lord Elgin y fut enfermé après la rupture de la paix d'Amiens.

Célèbre autrefois par sa forteresse, Lourdes est célèbre aujourd'hui par son pèlerinage.

« Nous jugeons que l'Immaculée Marie, mère de « Dieu, a réellement apparu à Bernadette Sou- « birous, le 11 février 1858 et jours suivants, au « nombre de dix-huit fois, dans la grotte de Massa- « bielle, près la ville de Lourdes ; que cette appari- « tion revêt tous les caractères de la vérité et que « les fidèles sont fondés à la croire certaine. » *(Mandement de Mgr l'évêque de Tarbes, du 18 janvier 1862).*

La Grotte est à dix minutes de la ville. La route est bordée de baraques où se vendent des objets de piété, et de mendiants. En arrivant près de l'église, on prend un chemin qui descend vers le Gave de Pau. La Grotte de Massabielle s'ouvre dans l'escarpement calcaire qui longe le Gave, elle est fermée par une grille ; au fond se voit une statue en marbre blanc de Notre-Dame de Lourdes, œuvre de M. Fabisch. Devant la grille sont plusieurs rangées de bancs, à gauche est la fontaine miraculeuse : « *Allez boire à la fontaine et vous y laver. — 11 février 1858.* »

Un sentier en lacet, bordé de rosiers et d'arbustes, monte vers l'église construite dans le style du XIIIe siècle, par M. Loupot. L'intérieur de l'église supérieure est tapissé de bannières et d'*ex-voto* Au-dessous de la grande nef se trouve une église inférieure d'un aspect sombre et mystérieux. Un couvent, des chalets et des abris pour les pèlerins s'élèvent dans le voisinage.

En suivant au delà de l'église la belle route carrossable qui longe le Gave à une certaine hauteur, on jouit, à chaque pas, de charmants points de vue sur la vallée et sur les montagnes. A 10 minutes de distance on aperçoit à gauche l'entrée de la grotte de *Spélugues* ou *Spélungues* et 10 minutes plus loin la grande et très curieuse grotte du *Loup*. De nombreux ossements fossiles et des objets travaillés de l'âge du renne ont été trouvés dans ces deux grottes. Ils ont été étudiés et déterminés par MM. Lartet, Milne Edwards, F. Garrigou et L. Martin.

Au delà de la grotte du *Loup* se trouve le hameau du *Loup*, situé sur une terrasse ombragée, à l'issue d'un vallon qui conduit au *Prat deou Rey*, d'où l'on a une des plus belles vues des Pyrénées secondaires. Ce serait une admirable excursion d'environ trois heures et l'on pourrait aller descendre par Batsouriguères dans la vallée d'Argelès.

Au N. O. de la ville, dans la direction de Pau, est le lac morainique de Lourdes ; il a 4 kil. de circonférence et 8 m. de profondeur. Son déversoir est au S. O. Sur la rive N. on voit de très beaux et très nombreux blocs erratiques, — plantes rares.

Près de Lourdes, au S. sont les deux petits étangs de Vivier-Liou, creusés par la pression du pied et du genou du paladin Roland.

A 5 kil. au N. dans les landes de Bartrès, il y a de nombreux tumuli. On a une admirable vue des Pyrénées, des monticules qui dominent la lande.

LOURDES A PIERREFITTE.

Par la route de voiture, 19 kil. — Trajet, en voiture, 2 h. — A pied, 3 h. 30.

Par la voie ferrée, 21 kil. — Trajet en 35 ou en 50 minutes. — Stations : Lugagnan, Boo-Silhen, Argelès-Vieuzac, Pierrefitte-Nestalas.

En sortant de Lourdes vers le S. on contourne la base orientale du pic de Ger (950 m.), sur les flancs duquel on a trouvé des blocs erratiques laissés par l'ancien glacier d'Argelès jusqu'à une hauteur de 422 m. au-dessus du niveau du Gave de Pau, et on pénètre dans le Lavedan où sont réunis soixante-trois villes, bourgs, villages et les établissements thermaux de Cauterets, Barèges, Saint-Sauveur, Gazost et Beaucens.

Sept vallées latérales, appelées *rivières* dans le pays, débouchent dans la vallée principale du Gave de Pau : à l'O. Surguères ou Batsouriguères,

Extrême-de-Salles, Azun et St-Savin ; à l'E. Castelloubon et Davantaïgues ; au sud, Barèges.

La vallée du Gave est d'abord resserrée entre les montagnes des vallées de Batsouriguères et de Salles à l'O. et celles de la vallée de Castelloubon à l'E. qui mène aux bains de Gazost, au pied de Mont-Aigu ; ce n'est qu'à 8 kil. de Lourdes, près d'Agos, que l'on aperçoit tout à coup l'admirable bassin d'Argelès, les montagnes du val d'Azun et le pic de Viscos. A 1 kil. plus loin, à Vidalos, en montant sur un petit monticule dominé par un donjon carré, construit en 1175 par Centulle III, comte de Bigorre, on a une échappée au S. sur les sommités neigeuses du massif du Marboré ; le Mont-Perdu, 3351 m. et le Cylindre, 3327 m. ; au S.-O. sur le sommet de Balaïtous, 3146 m.

« Le bassin d'Argelès est un bassin rond entouré « de hautes montagnes, mais quand j'ai dit cela, on « ne sait que ce que j'ai répété à propos de vingt « autres sites et on n'a pas vu comme je le voudrais « ce fond admirable de bois, de prairies, de torrents, « de villages, enfermé par des montagnes, ou ver- « doyantes jusqu'à leurs cimes ou blanches et ardues « comme des glaciers. Il y a des choses que l'on a « le courage de décrire ; mais pour celle-ci on « déplore la pauvreté des langues humaines. Le « pinceau même ne peut représenter cet effet d'im- « mensité, ni rendre ces bruits confus et délicieux, « ni faire respirer cet air si vif qui éveille les

« esprits. Il faut envoyer là le lecteur et renoncer « à reproduire une nature inimitable. » (1)

Pour bien voir ce beau paysage, si lumineux, si varié et si complet, il faut monter sur les hauteurs qui dominent la petite ville d'Argelès, ou se rendre à St-Savin ou à Beaucens.

Argelès.

1682 habitants. — Altitude, 457 m. — *Hôtel de France.* — Chef-lieu d'arrondissement, sur la rive gauche du Gave d'Azun, près de son confluent avec le Gave de Pau.

La ville est adossée aux pentes boisées du pic de Gez, 1097 m. La température y est très douce, et déjà quelques étrangers que le luxe des stations de Nice et de Pau effraie viennent y passer l'hiver.

En montant par la route thermale des Eaux-Bonnes à Cauterets, sur la terrasse morainique de la vallée d'Azun, on a la vue de tout le bassin verdoyant d'Argelès. C'est une promenade de moins de trois quarts d'heure, aller et retour.

Saint-Savin.

On peut se rendre à Saint-Savin, soit d'Argelès en passant par Balagnas, 4 kil., soit de Pierrefitte, 2 kil. 500 m.

Par cette dernière voie on fait une charmante

(1) Ad. Thiers. — *Voyage dans les Pyrénées et dans le Midi de la France.* — Paris, 1828.

promenade : on suit une route ombragée qui monte en pentes faciles à la chapelle de Piétat, petit édifice du VIIIe au IXe siècle, puis au château de Miramont qu'habita Despourrins qui en avait épousé l'héritière. Louis XV se faisait souvent chanter les chansons patoises du poète béarnais, qui sont encore populaires dans toutes les Pyrénées.

De Miramont, la vue est déjà très étendue. En 45 minutes à pied, 25 minutes à cheval ou en voiture, on arrive à Saint-Savin dont l'église romane récemment restaurée est très remarquable : le chœur est du XIe siècle et le clocher octogonal du XIVe siècle ; le tombeau de Saint-Savin est d'une haute antiquité ; deux tableaux sur bois du XVe siècle, divisés chacun en neuf compartiments sont placés à droite et à gauche de l'autel ; ils représentent la vie de Saint-Savin.

Au nord de l'église sont les restes de la célèbre abbaye de Saint-Savin (monument historique). La salle capitulaire, restaurée par M. Bœswilwald, a été rendue à l'église et lui sert de sacristie. Autour des ruines est un grand jardin bien entretenu d'où l'on a une vue admirable de toute la vallée. — Le réfectoire du couvent est devenu la salle d'un restaurant.

Le monastère du palais Emilien, ruiné par les Sarrazins, fut réédifié par Charlemagne, et son neveu Roland, magnifiquement hébergé par les moines, les délivra, dit-on, des vexations que leur faisaient éprouver les géants Alabastre et Passamont, dont le frère Morgan dut se faire baptiser dans le cloître. Ce qui est certain, c'est que le palais Emilien figure dans le dénombrement des monastères de Gascogne, arrêté au synode d'Aix en 816 et que dans l'état des abbayes de France de 817, il est le seul monastère d'Aquitaine exempt de redevances en hommes et en argent ; il ne devait que des prières pour la prospérité et le bonheur de la France. Plus tard il prit le nom de monastère de Saint-Savin.

Voici d'après l'office de Saint-Savin qui semble avoir été ignoré du savant Marca, la légende de la vie du saint ermite.

Savin, né en Espagne, était fils d'un comte de Barcelone. Après la mort de son père, il quitta sa mère pour se rendre près de son oncle Hentilius, comte de Poitiers, qui lui confia l'éducation de son jeune fils. L'élève de Savin étant allé s'enfermer dans le monastère bénédictin de Saint-Martin de Ligugé, malgré les larmes de ses parents, Savin vint le rejoindre et passa trois ans à Ligugé, mais, trouvant que la vie du cloitre, malgré ses austérités lui rappelait encore trop le monde qu'il avait voulu fuir, il partit pour aller vivre en ermite dans les montagnes des Pyrénées, et sur les conseils de l'évêque de Tarbes il se rendit au palais Emilien où l'abbé Forminius voulut le retenir, mais il résista et construisit de ses mains un ermitage sur le plateau de Pouey-Aspé, dans les contre-forts du Cabaliros. De l'autre côté du Gave de Pau, dans les montagnes de Davantaïgues se trouvait déjà un ermitage fondé longtemps avant par son compatriote saint Orens, d'Huesca, en Aragon.

Pendant treize ans, il émerveilla la contrée par la sainteté de sa vie et par ses miracles, et lorsqu'il mourut il y eut dans tout le Lavedan un cri général de douleur et de regrets. — Il fut enseveli dans le monastère du palais Emilien, par les soins de Forminius. Plus tard, lorsque le monastère, pillé et brûlé par les Normands en 843, eut été reconstruit, le corps du saint fut solennellement déposé au fond de l'abside de l'église.

En 945 Raymond Ier, comte de Bigorre, fit, en l'honneur de saint Savin, don au monastère de la vallée de Cauterets, à charge par les religieux de faire construire à Cauterets une église sous le vocable de Saint-Martin et d'entretenir des habitations suffisantes pour faciliter l'usage des bains. A ces conditions, l'abbé et les religieux jouissaient de la possession de la vallée de Cauterets, et ceux qui y tuaient un sanglier ou un cerf étaient tenus d'apporter à l'abbé un quartier de leur gibier. Le produit des pacages et des amendes devait fournir le luminaire de l'abbaye.

Louis Ier, fils de Raymond, confirma la donation et octroya au monastère pleine immunité de toutes charges.

Peu à peu, l'usage substitua au nom de palais

Emilien celui de Saint-Savin, et le village qui s'appelait Bencer ou Benques prit également le nom du saint. Les propriétés de l'abbaye, énumérées dans une bulle d'avril 1168 du Pape Alexandre III, formaient une très longue liste : le chapitre avait des églises, des terres et des maisons dans vingt-six villages du Lavedan, et avait même des maisons et des terres à Syracuse. — En 1363, le Pape Urbain V exempta l'abbaye de la juridiction des évêques de Tarbes.

Le paschal de Saint-Savin, Adast, Castets, Lau, Balagnas, Nestalas, Soulom, Uz, et Arcizans, formait au civil la rivière ou république de Saint-Savin, sous la suzeraineté de l'abbé. Les consuls et les habitants se réunissaient dans le cloître et les communes partageaient avec l'abbé et le chapitre le produit des droits seigneuriaux et des amendes « moitié « pour l'abbé, moitié pour la république. »

L'abbé prêtait serment de garder et de maintenir les habitants de la petite république dans leurs fors, usages, priviléges et liberté et il devait les aider à se défendre contre toutes les attaques. Ici nous devons dire quelques mots d'une singulière aventure dont voici le récit, d'après Marca.

« Vers l'an 1100, les Aspois étant entrés en ar-« mes dans le Lavedan, un abbé laïque d'un village « proche du monastère de Saint-Savin monta sur « un sureau et ayant lu quelques conjurations dans « un livre de magie troubla le sens et l'entende-

« ment des Aspois en telle sorte qu'ils furent mis « hors de défense par la force des enchantements et « demeurèrent exposés à la discrétion de leurs en- « nemis de Lavedan qui en firent une terrible bou- « cherie et les tuèrent tous de sang-froid..... Le « Pape lança un interdit sur la terre de Lavedan qui « fut suivi d'une telle malédiction que comme si le « ciel fut devenu d'airain pour leurs regards et eut « retiré la bénignité de ses influences, l'effet de la « vertu primitive et originaire départie à la terre, « aux plantes, aux animaux de fructifier et de « produire leurs semblables, fut mise en souffrance « et comme en une espèce d'interdit, de façon que « pendant six ans l'humeur végétante fut désséchée « en toute cette terre, sans que les herbes ni les « arbres portassent des fleurs ni les brebis, vaches « ni juments portassent leurs fruits, ni que les fem- « mes engendrassent. »

Un traité intervint et les gens du Lavedan durent consentir à faire amende honorable et à payer aux Aspois un tribut annuel connu plus tard sous le nom de *médailles*. Une transaction de 1348, conservée encore aujourd'hui dans les titres de la vallée d'Aspe, reproduit le texte de ce traité. Un messager de la vallée d'Aspe venait, le jour de la Saint-Michel, recevoir le tribut dans l'église de Saint-Savin. La validité du contrat fut reconnue par les pouvoirs judiciaires : une sentence du 18 mai 1583, rendue par le conseil de Béarn, composé de calvinistes, mais de calvinistes béarnais, et une autre sentence du 28 septembre 1693 du parlement de Navarre, visèrent ses étranges considérants et ordonnèrent aux habitants du Lavedan de payer annuellement aux Aspois sept livres dix sols. Ce tribut fut acquitté jusqu'au mois de septembre 1789.

Ce serait sur la montagne du Lys, près de Cauterets, que les Aspois auraient été engloutis, par suite des sortiléges du petit abbé de Saint-Savin.

Il y eut en effet vers 1180 des combats entre les Aspois et les gens du Lavedan ; une sanglante mêlée eut lieu près de Pierrefitte, et l'abbé et la république de Saint-Savin s'emparèrent de pâturages considérables dont la légitime possession leur fut plusieurs fois contestée. Le comte de Bigorre intervint comme médiateur et il est vraisemblable que la cession des montagnes en litige fut consentie moyennant une redevance ; peu à peu, on oublia des deux côtés l'origine exacte de cette rente et l'amour du merveilleux aidant, les Aspois ne voulurent pas admettre avoir été battus autrement que par suite d'un maléfice.

Beaucens.

La route de voiture qui conduit à Beaucens s'ouvre à 1 kil. au S. de Pierrefitte, sur la route de Barèges.

Le vieux château se dresse sur une colline de la rive droite du Gave de Pau. Ancienne résidence des puissants vicomtes de Lavedan, ses ruines, surmontées d'un donjon du XIVe siècle, sont curieuses à visiter. Les nombreuses poternes et les chemins de défilement attirent surtout l'attention des touristes.

Une route carrossable, construite en 1855 par les soins de M. Fould, propriétaire du château, conduit à une belle plateforme d'où l'on a une très belle vue. Dans la cour intérieure se trouve un hangar où l'on peut attacher les chevaux.

Au pied de la colline sont groupées les maisons du village de Beaucens et son petit établissement thermal dont l'eau sulfatée est efficace pour la guérison de la sciatique; à l'E. près d'Artalens-Souin, on trouve des rochers percés de grottes habitées par les fées.

PIERREFITTE A CAUTERETS.

Hôtel *de France*, près la gare — dans le bourg — Hôtels : *de la Poste*, *des Pyrénées*. — Omnibus à tous les trains pour Cauterets, 10 kil. 2 fr. 75. — Calèche, de 10 à 15 fr. selon l'époque de la saison thermale. — Voitures publiques pour Barèges : 19 kil. — Luz, 3 fr. — Barèges, 4 fr. 50. — Calèche jusqu'à Barèges, 20 à 30 francs. — Voitures publiques, deux départs par jour, à 10 heures du matin et à 4 heures du soir.

Au sortir de Pierrefitte, la route bifurque : à gauche, la route de Luz, Barèges et Gavarnie se dirige au S. et suit le Gave de Pau; à droite, la route de Cauterets pénètre dans la vallée du Gave de Cauterets, dont le ressaut forme un étroit défilé dominé au S. par le pic de Soulom, au N. par les contreforts du Cabaliros. — A 2 kil. de Pierrefitte on a ouvert une nouvelle route en 1874, afin d'éviter des talus d'éboulement sans solidité dont la chute emportait, chaque année, le chemin, aux pluies d'automne et à la fonte des neiges du printemps. Cette nouvelle route traverse le Gave sur un beau pont construit en 1871 et va rejoindre l'ancienne route de voiture ouverte en 1836, un peu au-dessus du pont de Mediabat, au pied de la butte du Limaçon.

La vue est très belle et très variée sur le bassin d'Argelès, et, à travers le feuillage des noyers, des frênes, et des tilleuls on aperçoit, au fond de la gorge, le Gave qui se précipite vers Pierrefitte. Sur les flancs du pic de Soulom, se montrent des rochers, des pâturages animés par le bétail, des métairies; çà et là les trous béants des travaux de mine tour à tour abandonnés et repris semblent des cavernes creusées dans la montagne.

Pendant que la voiture monte sur les lacets bien ménagés de la butte du Limaçon, et après avoir jeté un regard sur le sauvage ravin qui, à droite, descend du sommet du Cabaliros, disons quelques mots de

Cauterets Historique.

Sans parler de la visite légendaire de Jules César, qui n'a jamais pénétré dans les Pyrénées, ni même de l'hypothèse de la venue de l'empereur Auguste, nous dirons que les Romains faisaient usage des sources de César et de Pauze-Vieux et y avaient établi des bains, et que depuis eux, si ce n'est même avant eux, les sources de Cauterets ont été utilisées jusqu'à nos jours.

Raymond Ier avait introduit dans la donation de 945 l'obligation pour l'abbaye du palais Emilien de construire une église à Cauterets et d'entretenir avec soin des logements pour les malades qui venaient y prendre des bains. Vers 1080, l'église fut construite et les cabanes restaurées ; elles étaient groupées autour des sources de Pauze-Vieux et de César. Ce ne fut qu'en 1316 que l'abbé de Saint-Savin ayant convoqué sous le porche de l'église tous les habitans (les voisins et les voisines) qui faisaient partie de la commune, leur demanda s'ils voulaient accepter un autre emplacement pour la ville, moyennant certaines redevances. « Les susdits voi-« sins et voisines, porte l'acte, ensemble et indivi-« duellement, présents et consentant, n'étant ni « trompés ni séduits, ni entraînés par d'artificieuses « promesses, ni violentés par force, mais de leur « plein gré et volonté, ont déclaré donner leur appro-« bation unanime, sauf Gailhardine del Frexo. » (Cartulaire de St-Savin, p. 47). Ce fut alors seulement que l'on construisit des habitations sur l'emplacement occupé aujourd'hui par la ville de Cauterets.

L'abbé de Saint-Savin et les consuls de la rivière de Saint-Savin (ils figuraient avec l'abbé dans tous les actes) faisaient entretenir avec soin les cabanes, surveillaient les cabaniers, leur infligeant des amendes lorsqu'ils manquaient à leur contrat. Les cabanes étaient affermées à la suite d'une enchère publique, et les habitants de la rivière (maintenant syndicat de Saint-Savin) avaient droit à un lit sur trois à leur choix et sans permission; au delà du tiers des lits, ils devaient payer treize liards et demi pour en occuper un.

La viande ne pouvait être vendue plus cher qu'à Saint-Savin, le vin se payait un liard de plus la pinte et une amende de dix petits écus frappait le vendeur qui se servait de fausses mesures. La vente des fruits, laitage, volailles, etc., ne pouvait avoir lieu que sur la rue et sur la place publique, afin d'éviter le renchérissement des denrées aux dépens des pauvres et des étrangers. Toute contravention était punie d'une amende dont le produit était affecté moitié à l'abbaye, moitié aux pauvres.

En 1647, une ordonnance renouvelée en 1755, enjoignit aux Cagots de ne prendre leurs bains qu'après que les autres malades se seraient baignés, sous peine d'amende.

C'est à Cauterets que Marguerite de Valois, reine de Navarre, la charmante sœur de François Ier, composa une grande partie de l'Heptaméron. Tout le monde connaît le récit de sa fuite de Cauterets devant l'inondation causée par les pluies d'automne.

Depuis lors Cauterets est devenu une jolie ville dont la physionomie générale a une grande ressemblance avec l'aspect des petites villes de l'Italie du nord. De véritables monuments ont remplacé les cabanes des pères, et plus de 20,000 étrangers viennent, chaque année, y chercher la santé.

CAUTERETS.

Altitude, 902 m. — 1611 habitants. — Mairie, place St-Martin.

Les voyageurs qui désirent se loger dans une maison particulière et qui n'ont pas arrêté un logement à l'avance feront bien, à leur arrivée à Cauterets, de descendre dans un hôtel, afin de chercher le lendemain à loisir un appartement à leur convenance.

Hôtels : *De France, d'Angleterre, du Parc, des Promenades, de la Paix, de l'Univers, de Paris, de l'Europe, des Bains, Richelieu, des Ambassadeurs.*

Restaurants : *De Londres*, rue d'Etigny ; *du Casino*, Thermes des Œufs.

Tables d'hôte : Prix, 8 fr., 7 fr., 6 fr. par jour dans les différents hôtels. Si l'on se fait servir à part, le service se paie de 1 à 2 fr. en plus par jour. On peut déjeuner et dîner à la carte et les hôtels servent à domicile les personnes logées en ville.

Les gens de service sont nourris et logés mais non payés par les maîtres des hôtels, et leur salaire se compose des étrennes données par les étrangers.

Cafés : *Du Casino*, Thermes des Œufs; *du Centre*,

de Paris, place St-Martin; *du Parc*, promenade du Parc; *du Chalet*, au Mamelon-Vert.

Logements.

Toutes les maisons de Cauterets sont disposées pour recevoir les étrangers, et 8 à 10,000 personnes peuvent à la fois trouver à se loger. Les prix varient suivant la situation dans la ville et selon l'affluence des baigneurs. Au commencement de la saison, les appartements de la place St-Martin, de la première moitié des rues Richelieu et de La Raillère, de l'avenue du Mamelon-Vert, sont les plus recherchés et les plus chers, mais au mois de juillet les prix s'égalisent et la seule préoccupation est de trouver n'importe où un logement vacant.

Il n'est possible d'indiquer qu'un prix approximatif; en général, une seule chambre coûte de 2 fr. 50 à 3 fr. 50 par jour, en juin et en septembre, et 6 à 8 fr. par jour en juillet et en août. Dans les rues de Pauze, de l'Eglise et aux extrémités de la ville on peut trouver à se loger à des prix plus modérés.

Les maisons possèdent toutes des cuisines avec la batterie de cuisine et la vaisselle nécessaire aux personnes qui veulent vivre chez elles; mais, dans ce cas, il est prudent d'amener avec soi ses domestiques, il serait très difficile de s'en procurer à Cauterets.

Quelques maisons meublées ont une table d'hôte pour les personnes logées dans la maison.

Les propriétaires des maisons ne donnent ni salaire, ni nourriture au concierge et aux filles de service.

Poste aux lettres : Rue St-Louis. — Deux arrivées et deux départs par jour. Le dernier courrier de Paris est distribué au guichet à 8 heures du soir. Pendant les mois de juillet et d'août, il serait très utile d'ouvrir deux guichets afin d'éviter l'encombrement, d'autant plus que la salle d'attente est trop exigüe.

Télégraphe : A la mairie, place St-Martin. Le bureau télégraphique est ouvert toute l'année.

Commissariat de police : Bureau à la mairie.

Eglise catholique et presbytère : Rue Pauze.

Temple protestant : Rue de la Raillère ; offices le dimanche et le jeudi.

Pharmaciens : Broca, rue Richelieu, Latapie, place St-Martin.

Libraires : G. Cazaux, rue de la Raillère, n° 1, éditeur d'ouvrages illustrés et d'albums des Pyrénées ; collection de photographies, ouvrages sur les eaux de Cauterets, cartes géographiques, nouveautés en librairie. Même maison à Pau. — P. Dufour, place des Thermes.

Abonnements à la lecture : G. Cazaux, rue de la Raillère, n° 1, deux mille ouvrages ; Mmes Pujo, place Saint-Martin.

Omnibus pour la Raillère : Place St-Martin. — Départs : toutes les cinq minutes, de 5 h. à 11 h. le matin ; et de 2 h. à 4. h. le soir.

Depuis quelques années, la Compagnie des Eaux a organisé un service des plus confortables.

CASINO. — (Grand établissement des œufs.)

M. Dalis, du théâtre national de l'Odéon, directeur.

Le soir, spectacle-concert, opéra, opéra-comique, etc.

A 4 h. de l'après-midi, musique au Kiosque du *rond-point* du Casino, lorsqu'il fait beau; dans le grand salon du Casino, lorsqu'il fait mauvais temps.

Jeudi et dimanche, bal d'enfants à 4 heures du soir.

Salons de jeux, salon de lecture, salle de billard (1).

Les prix d'entrée et les conditions d'abonnement sont indiqués sur les affiches posées en grand nombre dans l'intérieur de la ville.

Théâtre-Casino du Parc.

MM. Claudius et Jeanroy, directeurs.

Tous les soirs, spectacle : Opéra, opéra-bouffe. A 4 h. de l'après-midi, musique au Kiosque du Parc ou dans le salon du théâtre, suivant le temps.

Les affiches placardées dans Cauterets indiquent les prix d'entrée et les conditions d'abonnement du Théâtre et du Cercle.

Loueurs de chevaux.

Dulmo frères, Lacaze-Canon, Baranne, Prouzet, Bordère, Lamarque, Latapie frères, Poueydebau, Larrieu, Bérot, etc.

(1) Parmi les baigneurs et les baigneuses de Cauterets, beaucoup de personnes désireraient que l'on ménageât dans le Casino une salle spéciale pour donner des bals.

Loueurs de voitures.

Rue Richelieu : Lacaze-Canon, Prouzet; rue de Belfort, Genthieu ; place St-Martin, Créepaux, maître de poste, correspondance des chemins de fer.

Tarif des courses (non officiel).

Pierrefitte avec bagages.	10 à 20f
Saint-Savin ou Beaucens et retour. . . .	15 à 20
Saint-Savin et retour par Beaucens. . . .	25 à 30
Barèges avec relai et retour.	35 à 40
Gavarnie id. id.	40 à 45
Gavarnie en service de breack de place. .	7 à 10
Bagnères-de-Bigorre par la plaine sans retour	60
Bagnères-de-Bigorre par Barèges et le Tourmalet sans retour.	120
Bagnères-de-Luchon par Bagnères-de-Bigorre et le col d'Aspin sans retour. . .	124
Eaux-Bonnes	124

Guides.

Les guides de Cauterets sont au nombre de soixante ; 32 de 1re classe, portant une couronne en drap blanc au-dessus de leur plaque, et 28 guide de 2e classe.

Beaucoup d'entre eux sont d'excellents guides de sommet. Mousquès Jean-Marie dit Dalamiel, est un bon guide-pêcheur. Un certain nombre de courses indiquées plus loin peuvent être faites sans guide, mais il est toujours prudent et utile d'avoir avec soi un homme du pays, bon montagnard qui vous dit les noms des pics et des cols, et qui, en cas de brouillard, d'orage ou d'accident, sait vous tirer d'embarras.

Guides de première classe.

Baranne Jean-Marie.
Dulmo Jean.
Lacaze-Canon.
Dulmo Joseph.
Pont Jean-Marie.
Poueydehau Jean.
Bordère Joseph (oncle).
Latapie Jean-Pierre.
Houssat Lucien.
Vergez Auguste.
Vergez Joseph.
Soucaze Joseph.
Hourcade-Lamarque P.
Baranne Léopold.
Larrieu Michel.
Sarrettes Jean-Marie.
Genthieu Auguste.
Latour Pierre.
Barrère-Berret J(neveu).
Latour Clément.
Lacaze Victor.
Latapie Dominique.
Cassou Pierre.
Mousquès Jean-Marie.
Genthieu Bernard.
Bordenave Pierre-Sacca.
Lac Dominique.
Soubis-Houssat Valent.
Bordenave Antoine.
Poueydehau Auguste.
Latapie Jean.
»

Guides de deuxième classe.

Arricastre Jacques.
Baranne Bernard.
Bourda Antoine.
Cabanot Antoine.
Soucaze Michel.
Barrère Jules.
Pont Dominique.
Castagné Auguste.
Dulmo Jean (neveu).
Malarée Jean.
Genthieu Jean.
Péré Florentin.
Genthieu Paul.
Sarniguet Sartol.

Bérot Jean-Marie.	Sarthe.
Bordères J. (neveu)	»
Lacaze Pierre.	»
Sarthe Victor.	»
Genthieu Mathieu.	»
Pont Aimé.	»
Lac Lucien.	»

Tarif règlementaire officiel des excursions.

	NOMENCLATURE des promenades et excursions.	TARIF. GUIDE	CHEVAL	ANE
1	Pic du Vignemale, 2 jours	30f	»	»
2	Glacier du Vignemale ou frontière d'Espagne. . .	10	»	»
3	Petit Vignemale, retour par la vallée du Lutour ou *vice-versâ*.	15	»	»
4	Mont-Perdu, Gavarnie, Brèche de Roland et toute autre excursion où l'on ne peut rentrer le même jour.	10	»	»
5	Estom-Soubiran.	12	»	»
6	Monné, Cabaliros, Ardiden et Pic de Viscos. . . .	10	10	8
7	Course du Monné pendant la nuit	12	12	10
8	Lac d'Ilheou et retour par le Pont d'Espagne . . .	10	»	»
9	Pont d'Espagne, lac de Gaube, plateau de Lisey et col de Rigeou ou de Riou	5	5	4
10	Du col de Riou à Pène-Nère.	1	1	1

	NOMENCLATURE des promenades et excursions.	TARIF. GUIDE	CHEVAL	ANE
11	Promenade par St-Savin, Argelès et retour par Beaucens (le guide n'est pas tenu d'aller à pied).	6f	8f	6f
12	St-Savin, Beaucens ou Argelès (le guide n'est pas tenu d'aller à pied). . .	6	6	5
13	Cauterets à Pierrefitte. .	5	5	4
14	Lac d'Ilheou ou lac Bleu, lac d'Estom, Marcadaou.	8	6	5
15	Luz, St-Sauveur avec guide.	8	8	»
16	Luz, St-Sauveur sans guide.	»	10	»
17	Plateau de Loubassou (cabane du Marcadaou. . .	8	8	6
18	Plateau de la Pourterre. .	6	6	5
19	Vallée d'Azun	8	8	»
20	Course de plusieurs jours sans rentrer à Cauterets, par jour.	10	8	»
21	Cambasque, Cérizet, grange de la Reine Hortense, Crabidère, de 11 h. du matin à 3 h. du soir. . .	5	5	4
22	Mêmes courses avant 11 h. du matin ou depuis 3 h. de l'après-midi.	3	3	3
23	La Raillère, le Petit-St-Sauveur, le Bois, Pauze, et service de bains et de buvette dans la matinée ou dans la soirée. . . .	2	2	1

NOTA. — Les courses du Vignemale, Estom-Soubiran, Ardiden, Brèche de Roland, Neouvielle, Mont-Perdu, frontière d'Espagne et Espagne, réputées difficiles ne pourront être exécutées qu'avec l'assistance d'un guide de première classe. (Art. 6 du règlement.)

MÉDECINS.

Nous ne saurions assez engager les malades à recourir, dès leur arrivée à Cauterets, aux conseils d'un des médecins de la station, sinon ils s'exposeraient à faire un usage dangereux des eaux de la station. Ce n'est ni en quelques jours, ni au moyen de traités sur la matière que l'on peut arriver à fixer l'indication nette et précise de tel ou tel traitement à suivre. Les médecins qui conseillent de faire usage des eaux ne peuvent sans imprudence prescrire de loin et à l'avance le traitement à suivre pendant toute la durée d'un séjour ; il est souvent difficile, même au praticien exercé d'une station thermale, de le faire ; on doit surveiller de près les effets de la médication thermale, afin que le mode d'emploi des eaux puisse être modifié selon l'action plus ou moins curative que les eaux exercent.

Les médecins des stations thermales sont très souvent appelés près de personnes qui sont en proie à des accidents graves, tels que crachement de sang, embarras gastro-intestinal, congestion pulmonaire ou cérébrale, attaque de goutte, etc. ; presque dans tous les cas, ces malades ont voulu se traiter eux-mêmes, ou suivre l'avis d'un médecin qui, ne les ayant pas accompagnés, n'a pu surveiller, de visu, l'effet des eaux.

Adresses des médecins.

Bordenave, rue d'Etigny.— Bouvier, avenue du Mamelon-Vert. — Byasson (L.), rue de La Raillère. — Candelé, place des Thermes. — Cardinal, inspecteur des eaux, rue Saint-Louis. — Commandré, rue de La Raillère. — Daudirac, rue de la Fontaine. — Duhourcau, rue St-Louis. — Gigot-Suard, rue de La Raillère. — Guinier, rue de César. — De Larbès, rue de La

Raillère. — Moinet ✻, rue Richelieu. — Michel Evariste ✻, insp.-adjoint, place St-Martin. — Nicolas O ✻, avenue du Mamelon-Vert. — Raveau, rue Richelieu. — Saison, rue Richelieu. — Sénac-Lagrange, rue de La Raillère. — Teissereau O ✻, rue Richelieu.

LES EAUX (1).

Les eaux de Cauterets appartiennent aux eaux hydrosulfatées alcalines d'Anglada, aux sulfureuses de M. Fontan, aux sulfurées sodiques de M. Filhol. — Elles sont limpides, incolores, plus ou moins onctueuses, selon la source, d'une saveur fade, douceâtre, ou franchement sulfureuses; elles ont l'odeur et le goût plus ou moins prononcé d'œufs couvis. Leur densité est plus forte que celle de l'eau distillée. Elles présentent une notable quantité de matières organique et organisée (barégine, glairine, sulfuraire); elles laissent dégager au griffon des bulles plus ou moins abondantes de gaz azote; elles ne blanchissent ni dans les baignoires, ni dans les réservoirs.

MM. Poumier, Longchamps, Anglada, Orfila, Pailhasson, Filhol, Boullay et O. Henry ont analysé les eaux de Cauterets; Orfila, Boullay et O. Henry ont constaté que le principe sulfureux de ces eaux est un sulfure neutre de sodium.

Le travail le plus complet que nous connaissions est celui du savant professeur de chimie de la faculté de Toulouse, M. Filhol.

Voici le tableau indiquant les résultats des essais sulfhydrométriques qui constatent la richesse en chlorures et l'alcalinité des sources de Cauterets.

(1) Les renseignements médicaux ont été pris dans les ouvrages de M. le docteur Moinet.

DES SOURCES.	SULFURE de sodium aux lieux d'emploi.	HYPOSULFITE de soude.	SULFURE de fer.	CHLORURE de sodium.	CHLORURE de potassium.	CARBONATE de soude.	SULFATE de soude.	SILICATE de soude.	SILICATE de chaux.	SILICATE de magnésie.	PHOSPHATE de chaux.	PHOSPHATE de magnésie.	BORATE de soude.	IODURE de sodium.	FLUOR.	SILICE.	MATIÈRE organique.	GAZ AZOTE.	TEMPÉRATURE.	DÉBIT.	SULFURATION.
....	0,02206	0,00197	0,0004	0,0178	trac	trac.	0,0080	0,0650	0,0451	0,0007	trac	trac	trac	trac.	trac.	»	0,0150	22cc33	48°	224,755	0,02
OLS.....	0,01862	0,00192	0,0005	0,0706	id.	id.	0,0089	0,0648	0,0470	0,0007	id.	id.	id.	id.	id.	»	0,0482	22,30	48°	92,892	0,01
VIEUX..........	0,01330	0,00128	0,0005	0,0779	id.	id.	0,0098	0,0456	0,0095	trac.	id.	id.	id.	id.	id.	»	0,0464	21,65	38°	66,312	0,01
NOUVEAU à la buv.	0,02035	0,00395	»	»	»	»	»	»	»	»	»	»	»	»	»	»	mat. organique	»	»	»	0,02
, à la buvette....	0,00434	0,03208	trac. d'oxyde de fer.	sulfate d'alumine (Henry)			0,0077	»	carb. de chaux magn.	»	»	»	»	»	»	»	et sels amm.	»	35°2	120,000	0,00
ET............	»	»	»	0,0011	»	0,0034	0,0030	0,0176	0,0382	trac.	»	»	»	»	»	»	0,0154	»	10°	28,360	nul
EZ. chaude (buv.)	0,01526	0,00292	trac.	0,0508	trac	trac.	0,0467	0,0081	0,0324	id.	trac	trac	trac	trac.	trac.	0,0193	0,0350	22,50	39°4	74,000	0,01
tempérée....	0,000384	0,003836	id.	0,0365	id.	id.	0,0596	0,0086	0,0206	id.	id.	id.	id.	id.	id.	0,0316	0,0050	23,10	34°6	37,000	0,011
É. vieille....	0,00065	0,00336	»	»	»	»	»	»	»	»	»	»	»	»	»	»	»	»	42°9	31,248	0,01
nouvelle......	0,01397	0,00174	»	»	»	»	»	»	»	»	»	»	»	»	»	»	»	»	»	»	0,01
T-VEUR vieille.....	0,00341	0,00322	»	»	»	»	»	»	»	»	»	»	»	»	»	»	»	»	20°	26,690	0,00
nouvelle...	0,01138	0,00159	»	»	»	»	»	»	»	»	»	»	»	»	»	»	»	»	32°8	95,000	0,01
RAT..........	0,00000	0,00352	»	»	»	»	»	»	silicate d'alumine.	»	»	sels de mag	»	chlor. d'aluminin.	chlor. de lithium	sulfate de chaux	»	23,90	47°1	21,600	0,01
	0,00015	0,0098	sels de fer. trac.	0,0072	«	0,0177	»	0,0935	0,0260	»	»	trac	trac	0,0054	0,[illegible]08	0,0155	0,068	»	»	»	»
UX.............	0,0005143	0,0012826	»	»	»	»	»	»	»	»	»	»	»	»	»	«	»	»	»	»	0,001
ette du pont......	0,010895	0,003642	moyen. 0,000206	moy. 0,0700	trac	trac.	moy. 0,0107	0,0731	moy. 0,0297	moy. 0,0003	trac	trac	trac	trac.	trac.	trac.	moy. 0,0481	moy 27,15	52°4	»	0,001
x d'emploi, chaude	0,00519	0,00434	»	»	»	o	»	»	»	»	»	»	»	»	»	»	»	»	43°2	590,000	0,00
érale refroidie...	0,00161	0,00256	»	»	»	»	»	»	»	»	»	»	»	»	»	»	»	»	20°	»	0,00
ine............	0,00121	»	»	»	«	»	»	»	»	»	»	»	»	»	»	»	»	»	»	»	0,001
chaude du sud....	0,01000	0,00177	trac.	0,746	trac	trac.	0,0068	0,0102	0,0358	trac.	trac	trac	trac	trac.	trac.	0,0283	»	25,68	42°	21,000	0,01
chaude du nord...	0,00919	0,000662																			0,01
tempérée........	0,00422	0,00251	id.	0,0528	id.	id.	0,0492	0,0047	0,0607	id.	id.	id.	id.	id.	id.	0,0058	»	»	32°	8,640	0,00

« Considérées dans leur ensemble, dit M. Filhol, « les sources de Cauterets jouissent de propriétés « physiques et chimiques fort analogues à celles de « Bagnères-de-Luchon ; elles s'en distinguent pour- « tant par la proportion beaucoup moindre de sul- « fure de sodium qu'elles contiennent. Quoique tout « aussi altérables que les eaux de Luchon, elles « laissent dégager beaucoup moins d'acide sulfhy- « drique. Certaines sources laissent déposer, quand « elles ont reçu le contact de l'air, une quantité « notable de barégine. Les eaux de Cauterets m'ont « paru plus riches en matière organique et peut-être « est-ce à cette substance qu'il faut attribuer les « propriétés particulières que les praticiens ont « depuis longtemps reconnues à certaines sources « de cette station thermale (la Raillère). Ces eaux « sont riches en silice, elles sont au contraire pau- « vres en chlorure de sodium. Les principaux pro- « duits de l'altération que subissent les eaux de « Cauterets quand elles sont en présence de l'air, « m'ont paru consister en carbonate, silicate et hypo- « sulfite de soude. » (1).

Cauterets, sous le rapport du volume des eaux thermales, est la plus riche station des Pyrénées et peut-être de l'Europe. Cette station possède, en effet, dix-huit sources bien distinctes donnant ensemble en 24 heures un débit de plus 1,500,000 litres. Douze

(1) E. Filhol, *Recherches sur les eaux des Pyrénées*, p. 322.

mille personnes peuvent à la fois y suivre un traitement quotidien.

L'eau des sources de César, la Raillère et Mauhourat se transporte.

ÉTABLISSEMENTS THERMAUX.

Les établissements thermaux de Cauterets forment deux groupes distincts : le groupe du S. comprenant les sources des Œufs, du Bois, de Mauhourat, des Yeux, du Pré et du Petit-Saint-Sauveur dont l'eau sourd de la base du pic de Hourmigas et celle de la Raillère qui jaillit de la montagne de Péguère; le groupe de l'E. comprend les sources de César-Vieux, César-Nouveau, Pauze-Nouveau, Pauze-Vieux, des Espagnols, du Rocher et de Rieumiset, qui jaillissent des flancs de la montagne de Peyraute.

Thermes des Œufs.

Ouverts du 1er juin au 15 octobre.

Débit par 24 heures : 590,000 litres. Dix sources : température aux griffons, 47 à 61° centigrades.

—

Les sources, captées par les travaux de MM. François et Balagna, parcourent un trajet de 2000 m. entre le point d'émergence et les réservoirs des bains.

Cet établissement monumental, situé sur la rive gauche du Gave, à la base des escarpements boisés du Péguère, à l'entrée de la promenade du Mamelon-Vert, a été construit de 1867 à 1869, sous la direction de M. Durand, de Bordeaux. C'est l'établissement le mieux aménagé de Cauterets et l'un des plus importants et des plus confortables de l'Europe. Le rez-de-chaussée est entièrement consacré à l'installation balnéaire; tous les appareils inventés jusqu'à ce jour par la thérapeutique moderne pour l'emploi des eaux minérales y sont en usage. Sur le perron qui donne accès à l'intérieur, quatre colonnes de marbre supportent une terrasse avec balcon : A chaque extrémité de la galerie d'entrée une galerie latérale aboutit aux cabinets de bains et de douches; au fond et parallèlement à la galerie d'entrée se trouve la plus vaste piscine d'eau sulfureuse de l'Europe; son bassin a vingt mètres de long sur huit mètres de large; le fond de la piscine forme un plan incliné qui permet d'y faire baigner les enfants aussi bien que les grandes personnes. Deux heures dans la matinée et deux heures dans l'après-midi sont réservées pour les dames qui entrent par la galerie de gauche; l'entrée des hommes est dans la galerie de droite. La piscine est à eau courante, la température réglementaire est de 27 à 30°. Des cordes fixées à la voûte permettent de faire des exercices gymnastiques.

L'établissement contient vingt-six baignoires et un système complet de douches à faible et à haute pression (jusqu'à 12 m. 50 c.), chaudes, écossaises, froides, tempérées, en jet, lame, arrosoir, cercle, etc. Deux bains de siége en lame, deux à épingles ; des douches vaginales, rectales, etc.

Toutes les chambres de bains et de douches sont précédées d'un cabinet de toilette. Les Thermes des Œufs contiennent en outre deux chambres de massage avec lits de repos, des étuves graduées, une petite piscine, etc.

Dans le sous-sol sont les locaux du service de l'exportation des eaux. Quatre sites des plus remarquables des environs de Cauterets ont été peints par M. Baudoin fils, à droite et à gauche du vaste escalier en marbre et à double rampe qui conduit au premier étage entièrement occupé par le Casino : à droite une grande salle de théâtre; à gauche sur la façade de l'E. les salons de lecture, de jeux, la vaste salle de café-restaurant; au N. sont les logements du personnel.

Des allées tracées derrière les Thermes rejoignent les pentes boisées de la promenade de Cambasque et une route carrossable (1) qui suit la rive gauche du Gave, conduit de l'établissement des Œufs au pont (978 m.) et à la route de la Raillère.

L'eau des Œufs, qui est excitante, convient dans les affections chirurgicales, les plaies atoniques, les catarrhes utérins anciens pour lesquels il est nécessaire de raviver la vitalité des tissus, afin de les mo-

(1) Cette route n'est pas terminée.

difier; dans les rhumatismes et les affections scrofuleuses sans réaction; enfin, dans certaines dermatoses. — Cette eau n'est donnée que sous forme de bains et de douches, il est rare que l'on en fasse usage à l'intérieur.

Le bureau de l'administration des établissements appartenant au syndicat de Saint-Savin, auquel doivent être adressées les réclamations qu'on aurait à faire, se trouve au rez-de-chaussée de l'établissement des Œufs.

La Raillère.

Débit par 24 heures : source chaude, 74,000 litres ; température, 39° 4. — Sources tempérées, 37,000 litres ; température, 37° 6 (celle du sud).

Les sources de la Raillère furent découvertes en 1600; l'établissement a été construit en 1817 et complété en 1828. — Omnibus : départ toutes les 5 minutes, de 5 h. à 11 h. du matin et de 2 h. à 5 h. du soir. — Prix : 0, 50 c. à l'aller; 0, 30 c. au retour.

De la place St-Martin on monte au sud par une excellente route carrossable, on traverse le Gave sur le pont de Benquès (ici les piétons prennent l'ancienne route beaucoup plus courte), et on arrive à l'établissement, situé à 1800 m. de Cauterets (1).

La Raillère, dit le docteur Camus, est la source

(1) Il est vivement à désirer qu'on construise un vaste trottoir de chaque côté de la route. Au départ, les piétons prendraient le trottoir de droite et au retour celui de gauche. L'accès de la Raillère serait rendu facile et on éviterait des encombrements souvent dangereux.

reine des Pyrénées. C'est au point même d'émergence de la source que l'établissement a été construit; il forme une longue galerie mesurant 90 m. à l'extérieur. 34 cabinets de bains dont deux à 2 baignoires et six contenant des douches vaginales suffisent à peine à ses nombreux visiteurs.

En face de l'entrée principale se trouve la buvette qui est assurément l'une des buvettes les plus fréquentées qui puissent se rencontrer en Europe; pendant les mois de juillet et d'août, de 8 à 10 h. du matin, la plus grande partie des étrangers qui se trouvent à Cauterets passent ou se promènent sur la terrasse, de 10 m. de large sur 100 m. de long, qui précède l'établissement. De là on a une très belle vue sur l'entrée de la vallée de Lutour et sur la cascade de Pisc-Arros. Vis-à-vis de l'entrée est un pavillon vitré destiné aux malades qui font usage des eaux en gargarisme.

L'eau de la Raillère agit particulièrement sur les voies respiratoires, et c'est surtout dans les maladies de poitrine (catarrhes pulmonaires, pleurésies et pneumonies chroniques, congestion des poumons, phthisie, affections du larynx, de la trachée-artère et des bronches, dans les maladies du pharynx et dans les diverses angines) que paraissent ses vertus spéciales, qui la placent sous ce rapport au-dessus de la source vieille des Eaux-Bonnes.

L'eau de la Raillère se transporte sans subir d'altération.

Près de l'établissement on a construit une écurie pour les chevaux que les vétérinaires envoient prendre en boisson l'eau de la Raillère.

Buvette de Mauhourat.

Débit par 24 heures, 21,600 litres; température, 47° 1.

La buvette est située à 300 m. au S. de la Raillère, à 2100 m. de Cauterets; on s'y rend de la Raillère par la route carrossable qui ne va pas plus loin; c'est une courte promenade que tout le monde fait à pied.

L'eau de Mauhourat a beaucoup de rapport avec l'eau de Plombières, aussi peut-on traiter à Cauterets, avec l'eau de cette source, les affections pour lesquelles on envoie les malades à la station thermale des Vosges.

C'est dans les dyspepsies, dans certaines maladies des voies urinaires, dans les rhumatismes goutteux, dans les dermatoses et l'herpétisme, dans la syphilis constitutionnelle, dans la scrofule, la chloro-anémie et la plupart des cas de débilité que cette eau précieuse trouve ses indications les plus nettes.

Le Petit-Saint-Sauveur.

Débit par 24 heures : source vieille, 95,000 litres ; température, 32° 8. — Source nouvelle, 21,600 litres; température, 34°.

L'établissement a été reconstruit en 1870 ; il est à 50 m. au delà de la buvette de Mauhourat. L'installation nouvelle ne laisse rien à désirer. On y trouve 20 cabinets de bains, plusieurs douches, dont deux locales pour les dames.

Ces eaux agissent avec succès dans l'hystérie, les affections des organes génitaux chez la femme, certaines névralgies chroniques, la chlorose et l'anémie.

Le Pré.

Débit par 24 heures : 31,248 litres ; température, 48°.

L'établissement du Pré est à 50 m. au sud du Petit-Saint-Sauveur et sur les bords du Gave, à l'entrée du val de Gerret; il possède 17 cabinets de bains, 2 cabinets de douches et une buvette. Il est très fréquenté par les Espagnols qui viennent y faire ce qu'ils appellent une neuvaine de bains, pendant laquelle ils boivent 6 à 8 verres d'eau de Mauhourat et prennent deux bains d'une demi-heure par jour à la température de la source.

L'eau du Pré convient aux affections qu'on guérit par une vive sensation de la peau et par suite de tout l'organisme. Aussi les vieux rhumatismes musculaires et articulaires, les névralgies avec atonie générale, les engorgements ganglionnaires, les affections strumeuses, les ulcères atoniques, les maladies de la peau chez les sujets lymphatiques, s'en trouvent admirablement.

Grotte de Mauhourat.

A 150 m. au delà du Pré jaillit la source qui

alimente la buvette de Mauhourat. Quelques personnes vont boire cette eau à l'endroit même où elle sort du rocher au lieu de la prendre à la buvette.

A peu de distance de la grotte sont les sources des Œufs qui, depuis 1868, ont été captées et amenées au grand établissement des Œufs.

Les Yeux.

Température, 39°.

A quelques pas plus loin que la grotte de Mauhourat, la source des Yeux jaillit en plein air. Cette eau est, dit-on, souveraine contre les ophthalmies scrofuleuses. Il est regrettable qu'une installation qui serait peu coûteuse ne permette pas d'en faire facilement usage.

Le Bois.

Débits : sources chaudes sud et nord, 21,600 lit. ; température, 43°. — Source tempérée, 8640 lit. ; température, 33°.

Cet établissement, situé à une altitude de 1210 m. à gauche de la route du lac de Gaube, est le plus éloigné de la ville. La façade présente une galerie à cinq grandes arcades. Deux petites piscines, quatre baignoires et quatre douches constituent l'installation balnéaire. Le premier étage est disposé en logements pour les personnes qui ne pourraient supporter la fatigue d'un trajet de plus de 3 kilomètres.

Cet établissement doit être transféré entre Cauterets et la Raillère. Il est à désirer que ce projet soit promptement réalisé, car les eaux du Bois produisent les meilleurs effets sur les malades doués d'une certaine irritabilité, affectés de rhumatismes nerveux, de certaines paralysies, de maladies cutanées syphilitiques, d'affections chirurgicales, telles que carie, nécrose, rétraction et atrophie musculaires, entorses négligées, plaies chroniques, que les autres sources exciteraient trop.

Les Thermes.

(CÉSAR ET LES ESPAGNOLS)

Ouverts toute l'année.

Débit par 24 heures : César, 224,755 litres ; température, 48° 40. — Espagnols, 92,592 litres ; température, 48° 20.

Cet établissement, construit en 1844 sur les plans de M. Artigala, est en marbre gris : un grand escalier extérieur conduit à un péristyle soutenu par quatre colonnes de marbre et donnant accès dans une grande salle bordée par une double rangée de cabinets de bains. Les cabinets de droite sont alimentés par l'eau de César, ceux de gauche par la source des Espagnols. Au milieu se trouve la buvette avec deux robinets correspondant aux deux sources.

Les Thermes contiennent 24 baignoires, 12 petites et 4 grandes douches, deux salles de pulvérisation, une salle d'inhalation et deux salles de bains de pieds.

Le système des douches est très complet : elles sont à volonté, chaudes, tempérées, froides, écossaises, en jet ou en arrosoir. De chaque côté de l'entrée se trouve un pavillon : celui de gauche contient au rez-de-chaussée la salle de chauffage pour le linge, et au 1er étage la salle de pulvérisation pour les hommes; celui de droite renferme un cabinet où le médecin-inspecteur des eaux donne des consultations gratuites aux indigents, et au 1er étage le logement du chef de service de l'établissement Au centre sont les salles d'inhalation et la salle de pulvérisation pour les dames.

Les eaux de César et des Espagnols conviennent admirablement aux maladies chirurgicales; dans cette catégorie d'affections elles peuvent rivaliser d'efficacité avec les eaux de Barèges. Elles conviennent particulièrement au traitement des affections scrofuleuses, des rhumatismes, des dermatoses, de certaines paralysies.

En boisson, l'eau de César jouit d'une réputation méritée dans les catarrhes pulmonaires chroniques, surtout chez les personnes âgées, et dans l'asthme humide. Les pédiluves et les douches en secondent merveilleusement les effets.

L'eau de César se transporte sans altération.

Le Rocher et Rieumiset.

Débit par 24 heures : Source du Rocher, 120,000 litres ; température, 35° 2, découverte en 1858.

— Source de Ricumiset, 28,560 litres ; température, 16°.

Cet établissement, construit en 1863, est situé à 200 m. au N. de la place des Thermes, en face du Parc; il est précédé d'un jardin anglais bien entretenu. La construction en est élégante, c'est une grande galerie que terminent deux ailes latérales; il contient 23 cabinets de bains, un cabinet de douches à faible pression, deux cabinets de bains de siége à eau courante, avec douche vaginale.

Au centre se trouve une buvette en marbre blanc; à droite, en face de l'entrée, une salle de gargarisme; mais la dégénérescence de l'eau qui alimente la buvette ne permet de l'employer que dans des cas restreints avec efficacité en boisson ou en gargarisme.

L'eau du Rocher, dans laquelle la présence du fer est une ressource précieuse, est éminemment utile dans les névroses avec éréthisme nerveux considérable, dans les dartres sécrétantes étendues, dans celles qu'on a fait sortir au moyen des sources excitantes de la station, dans les affections utérines avec état inflammatoire sub-aigu, dans les blépharites et ophthalmies scrofuleuses, dans les ulcères dépendant de la scrofule et d'autres états diathésiques, dans la bronchite catarrhale chronique chez les sujets irritables, dans certains cas d'asthme humide.

Quand on l'emploie à haute dose, elle provoque un flux intestinal abondant qui devient un moyen puissant de substitution, ou produit simplement une utile dérivation. L'eau de Rieumiset, en raison des modifications qu'elle a subies, sert parfaitement à tempérer l'action trop vive de quelques autres sources : elle convient aux affections cutanées et rhumatismales des personnes ayant un tempérament nerveux et irritable. Les leucorrhées avec engorgement du col, état granuleux, ulcérations, disposition à l'inflammation y sont avantageusement traitées. Certaines maladies du tube digestif, accompagnées de constipation ou de diarrhées sont heureusement modifiées par les douches ascendantes, qui sont encore très utiles contre certaines névralgies, contre les engorgements abdominaux et les affections hémorrhoïdales.

Près de l'établissement sont les ruines du petit établissement de Bruzaud, dont l'une des sources avait été nommée la fontaine d'Amour par la reine de Navarre, Marguerite de Valois. Les secousses des tremblements de terre du 9 juillet et du 8 août 1854 la firent disparaître en partie.

Pauze-Vieux.

Débit par 24 heures : 66,312 litres; température, 38° 2.

C'est un charmant petit établissement, reconstruit en 1852, à environ 125 mètres au-dessus des Thermes de César. On peut s'y rendre soit par la rue de Pauze qui aboutit à la place des Thermes, soit par la rue de la Raillère et la rue de l'Eglise, soit enfin en suivant la rue de la Raillère jusqu'au pont de Benquès qu'on laisse à droite et, tournant à gauche, on prend une belle route carrossable, taillée le long de Peyraute.

L'établissement, précédé d'une terrasse, d'où l'on jouit d'une belle vue sur la ville et sur le bassin de Cauterets, présente une façade vitrée avec cinq arcades et renferme 10 cabinets de bains et 2 de douches : chacun de ces cabinets est précédé d'un vestiaire. Au milieu est une buvette en marbre noir.

Le système de douches ascendantes et descendantes est très bien organisé.

Pauze-Nouveau.

Cet établissement est situé à quelques mètres au-dessus de Pauze-Vieux. On pénètre par un grand vestibule dans une longue galerie bien éclairée sur laquelle s'ouvrent dix cabinets de bains et un cabinet de douches. Les cabinets, un peu sombres, sont propres et commodes. Il y a une buvette et une salle d'inhalation installée à l'endroit même où sort la source. Des galeries souterraines qui s'étendent à plusieurs centaines de mètres dans les flancs de Peyraute peuvent être visitées.

Les eaux de Pauze-Vieux et de Pauze-Nouveau sont très renommées et jouissent de vertus spéciales dans certaines formes de maladies cutanées, gastro-intestinales, vagino-utérines et rhumatismales. Elles sont spécialement utiles dans les affections syphilitiques et dans toutes les lésions qui proviennent des scrofules.

Buvette du Pavillon.

Cette buvette est située à côté de l'établissement de Pauze-Vieux ; elle est alimentée par les sources de César et de Pauze-Vieux.

Gargarismes.

Le gargarisme est très pratiqué à Cauterets, aux établissements des Thermes et de La Raillère.

Pour bien se gargariser, on doit renverser légèrement la tête en arrière, ouvrir modérément la bouche, avancer la machoire inférieure, garder l'eau dans la gorge aussi longtemps que le besoin de la respiration le permet et recommencer l'opération dix à douze fois.

On doit éviter de produire en gargarisant un certain bruit appelé *glou-glou*, parce que, au lieu de baigner la partie malade de la gorge, on ne fait que l'exciter ; en outre, ce bruit n'est pas de nature à charmer l'ouïe des personnes qui se trouvent dans la salle de gargarisme.

Massage.

Le massage est une pratique hygiénique et thérapeutique qui consiste à pétrir les chairs, à presser avec les mains les différentes parties du corps, afin d'exciter la tonicité de la peau et des tissus.

Des masseurs sont attachés au service des Thermes de César et de l'établissement des Œufs.

TARIF GÉNÉRAL

DES SOURCES THERMALES ET ÉTABLISSEMENTS DE

La Raillère, — Thermes de César, — les Œufs, — Pauze-Vieux, — le Bois, — Mauhourat, — Pauze-Nouveau, — le Rocher-Rieumiset, — le Pré et le Petit-St-Sauveur.

	Du 20 mai au 14 juin et du 15 sept. au 10 oct.	Du 15 juin au 14 sept.	Du 11 oct. au 20 mai.
BOISSON ET GARGARISME			
Abonnement pour l'usage de l'eau aux buvettes en boisson et gargarisme donnant droit à toutes les buvettes de la concession, par personne et pour 25 jours.	5f »	10f »	2f 50c
NOTA. — Pour le cas où le traitement nécessiterait plus de 25 jours, la carte de l'abonné sera augmentée du temps nécessaire sur une note de son médecin. (Il est interdit aux agents de la Compagnie de livrer de l'eau pour boisson ou gargarisme à toute personne non abonnée).			
BAINS ET DOUCHES.			
Bains de 7 h. du matin à 6 h. du soir à tous les Etablissements. .	1 50	2 »	» 40
Bains hors des heures ci-dessus à tous les Etablissements.	1 »	1 50	» 40
Grandes douches de 7 heures du matin à 6 heures du soir. . . .	1 50	2 »	» 40
Grandes douches hors les heures ci-dessus	1 »	1 50	» 40
Bains et douches pris simultanément de 7 h. du matin à 6 h. du soir à tous les Etablissements. .	2 »	3 »	» 60
Bains et douches pris simultanément en dehors des heures ci-dessus........ Aux Thermes et aux Œufs. . .	1 50	2 50	» 60
Bains et douches pris simultanément en dehors des heures ci-dessus........ Dans les autres Etablissements.	1 25	2 »	» 60

Tarif Général (suite).	Du 20 mai au 14 juin et du 15 sept. au 10 oct.	Du 15 juin au 14 sept	Du 11 oct. au 20 mai
Bains de natation à l'Etablissement des OEufs, sans distinct. d'heure.	1f »	1f 50c	» 40c
Bain de piscine chaude à l'Etablissement des OEufs, sans dist. d'heure.	1 »	1 50	» 40
Bain de siége à épingle à l'Etablissement des OEufs, sans dist d'heure.	1 »	1 50	» 40
Douches ascendantes à l'Etablissement des OEufs, sans dist. d'heure	» 50	» 75	» 40
Bain de pieds à eau courante, aux Thermes et aux OEufs, sans distinction d'heure.	» 40	» 60	» 25
INHALATION ET PULVÉRISATION.			
Il sera perçu par séance d'une heure, dans la salle d'inhalation proprement dite.	» 75	1 »	» 35
Il sera perçu par séance d'une demi-heure, dans les salles de pulvérisation.	1 »	1 50	» 50

Dans les prix ci-dessus fixés se trouvent compris tous les frais de préparation de bain, les soins des garçons et des filles de bain, ainsi que la fourniture du linge.

Le linge à fournir pour chaque bain ou douche consiste en un peignoir ou un drap et deux serviettes. Pour les bains de pieds, une serviette seulement.

Le linge à fournir pour la salle de pulvérisation consiste en un peignoir, une serviette et un bonnet de toile cirée.

Pour la période du 11 octobre au 20 mai, le tarif des bains étant très-réduit, il ne sera fourni qu'une serviette, quel que soit le mode de traitement.

Toute fourniture supplémentaire est taxée ainsi qu'il suit

Un peignoir ou drap chauffé.	» 20°
Une serviette chauffée.	» 10
Un fond de bain	» 20
Tout baigneur qui se servira de linge lui appartenant et qui voudra le faire chauffer dans l'établissement où il se baignera, sera tenu de payer pour chaque bain ou douche	» 10

EAUX EN BOUTEILLES

Sources de La Raillère, César et Mauhourat. (1)

PROMENADES

Le Parc.

La promenade du Parc longe la route à l'entrée de Cauterets; elle offre aux promeneurs des allées de tilleuls et des pelouses entourées de peupliers; c'est un frais abri, libéralement mis à la disposition du public par son propriétaire auquel appartient l'hôtel du Parc.

Le Mamelon-Vert.

On passe devant la mairie et on traverse le Gave sur un beau pont, puis, laissant à gauche le grand établissement des Œufs et sa charmante promenade, on prend à droite la route de voitures qui longe le chalet de la princesse Galitzin. Des cafés, des res-

(1) Voir les prix et conditions aux annonces.

taurants, des bazars, etc., bordent le chemin. On a une jolie vue sur la ville et la gorge de Cauterets; le soir, une grande partie des étrangers viennent s'y promener.

La route traverse le Gave de Cambasque qui descend en cascade, longe le versant de la montagne, passe au Mamelon-Vert, puis tourne brusquement à droite, conduit au Gave de Cauterets qu'elle franchit, et rejoint la route de Pierrefitte à 1 k. en aval de la ville.

On peut aussi revenir à Cauterets par un sentier ombragé qui mène au hameau de Catarrabe, d'où l'on a une belle vue sur la vallée, de la butte du Limaçon aux gorges de Gerret et de Lutour. Par ce sentier on peut regagner la route de Pierrefitte et là prendre le chemin de Cancéru qui monte sur les contre-forts de Peyraute, passe derrière le Parc et aboutit à la place des Thermes.

Cambasque.

Laissant à droite la promenade du Mamelon-Vert, on s'élève par de longs lacets en pente douce à travers un joli bois (*ranunculus thora* en abondance) et l'on arrive aux pâturages de Cambasque, sillonnés par le Gave de Paladère qui descend du Lac-Bleu ou d'Ilheou. On peut descendre au S. vers la route de la Raillère et visiter au retour la Glacière.

La Glacière, 978 m.

La Glacière est un couloir d'avalanches, creusé

profondément dans les flancs de la montagne de Péguère. Ce couloir, abrité des rayons du soleil, conserve encore au plus fort de l'été des bancs de neige, débris des avalanches du printemps ; il s'évase dans la partie supérieure en un vaste demi-cercle autour duquel se dressent les aiguilles de Péguère. Vers le haut se trouve une petite grotte habitée par des choucas.

Elle est à 750 m. de distance de Cauterets, sur la route qui conduit à la Raillère, aux établissements thermaux du S., au val de Lutour et au lac de Gaube, etc. ; elle sert de glacière naturelle aux habitants de Cauterets.

Hameau et plateau de Cancéru.

Le chemin part des Thermes, longe le Parc, traverse des champs cultivés et les belles prairies qui sont à la base de Peyraute et atteint le hameau de Cancéru, 2 k., formé de quelques maisons éparses sur une plateau cultivé. Belle vue sur le bassin de Cauterets, sur le Monné, le Cabaliros, etc.

Des sentiers descendant rapidement un talus escarpé permettent de rejoindre la route de Pierrefitte, mais il est préférable de continuer à marcher au N. vers un ravin boisé traversé par le ruisseau d'Illou dont on suit le cours jusqu'à la route à 2 k. 500 m. en aval de Cauterets. On peut alors rentrer dans la ville par le Mamelon-Vert ou par la grande route.

Grange de la reine Hortense.

En partant soit de l'extrémité du parc, soit des Thermes de Pauze-Vieux, on s'élève par un sentier en pente douce à travers les prairies et les bois de Lisey vers une grange où la reine Hortense, revenant de Luz par le col de Riou et surprise par un orage, trouva l'hospitalité. En souvenir de cette soirée, elle revint y dîner avec sa suite et depuis la maison est connue sous le nom de *Grange de la Reine*.

Le séjour de la gracieuse reine de Hollande est rappelé par une inscription souvent effacée et souvent rétablie. Il en eût été de même sans doute de l'inscription relative à l'ascension de la brèche de Roland par madame la duchesse de Berry, si ce souvenir n'avait été gravé à 2804 m. Sans trop nous étonner du sentiment qui pousse à effacer des mots, montons sur le rocher où se trouve la grange ; on y a une charmante vue sur le vert bassin de Cauterets, sur la cime du Monné, sur la belle vallée du Gave de Pau, et au delà du vieux château de Lourdes sur la plaine de Tarbes.

A l'E. se dressent les pentes de pâturages qui conduisent au col de Riou et à Luz.

EXCURSIONS ET ASCENSIONS (1)

Carte de l'état-major français : Carré de Luz, n° 251.

1° A l'O. et au N. de Cauterets : Le Monné ; — Lac d'Ilheou ; — Le Cabaliros ; — Lac d'Estaing et Arrens.

2° Au S. de Cauterets : Cascades de Cérisey et de Bausset ; — Pont d'Espagne, plateau de Cayan et cabane du Marcadaou ; — Lac de Gaube ; — Bains de Panticosa ; — Pic d'Enfer ou Quejada de Pundillos ; — Pic de la grande Fache ; — Lacs et brèche de Cambalès ; — Col de la Badette et Bramatuero ; — le Vignemale par la Hourquette d'Ossoue ; — le Vignemale par le col des Oulettes et le Cerbillona ; — vallée de Lutour, lac d'Estom, *Tuc dous monges*, lacs d'Estom-Soubiran et col d'Estom-Soubiran.

3° A l'E. de Cauterets : Cauterets au col de Riou ou de Rigeü, Luz et Saint-Sauveur ; — Pic de Viscos ; — Pic d'Ardiden ; — Cauterets au col de Culaous, lac d'Anarouye, val de Cestrède et Gèdre. — Cauterets à Gavarnie par le lac de Gaube, la Hourquette d'Ossoue et le val d'Ossoue et retour à Cauterets par le val d'Aspé, les cols de Houle et de la Mallerouge, les lacs d'Estom-Soubiran, d'Estom et le val de Lutour.

4° Le Balaïtous : Par le col de la Fache, le val de Piedrafitta et le glacier méridional et retour par le port de la pierre St-Martin, la brèche de Cambalès et le Marcadaou ; — Par le col de la Fache, et les corniches de la montagne fermée ou Frondellia ; — Par Arrens ou Castery à Labassa et le glacier de *Las Néous*.

5° Cauterets à Luz, Gèdre et Gavarnie en voiture.

(1) Les arrêts ne sont pas compris dans la durée indiquée pour les courses.

I. Le Monné, 2724 m.

A pied, 3 h. à la montée, 2 h. à la descente. — Guide 10 fr. le jour, 12 fr. la nuit. — Cheval, 10 et 12 fr. Ane, 8 et 10 fr.

On passe devant la mairie et l'établissement des Œufs et laissant à droite la promenade du Mamelon-Vert, on remonte les pentes boisées de Péguère, afin de pénétrer dans le val de Cambasque (30 minutes).

On traverse sur un petit pont le Gave de Paladère et on monte à l'O. sur de larges croupes, par un sentier tracé au milieu de buissons, de rhododendrons et de genévriers pendant 1 h. 30 avant d'arriver (2 h.) au plateau herbeux des *Cinquets*, où l'on trouve des cabanes et du lait. Le chemin accessible aux chevaux a été continué jusqu'à 150 m. de la cime. La pente devient plus escarpée, mais la route de cheval est facile et peu fatigante, sauf l'escalade des 150 derniers mètres sur une étroite arête (3 h.)

Cime du Monné, 2724 m. *Iberis spathulata, phaca astragalina, androsace intricata, myosotis pyrénaïcus*. M. de Chaussenque, l'un de ceux qui ont le plus contribué à faire connaître les Pyrénées, y est monté à l'âge de 86 ans, voulant revoir encore une fois le beau panorama qui avait si souvent charmé sa jeunesse.

La cime est une crête schisteuse coupée à pic sur le val du Lys, et descendant en longs plans inclinés dans le val de Labat-de-Bun. Rien n'est plus facile que de descendre du Monné dans Labat-de-Bun entre le lac d'Estaing (1 h.) et le village de Bun, et de se rendre par cette voie dans la vallée d'Azun.

Du sommet, la vue est immense : à l'O. s'étale à vos pieds la partie supérieure du val d'Azun et la chapelle de Poeylahun, et au delà du bassin d'Argelès, caché en partie par le Cabaliros, les plaines du Bigorre et du Béarn.

En regardant autour de soi, de l'E.-N.-E. à l'E.-S.-E., on voit se dresser le Mont-Aigu, le pic du Midi de Bigorre, l'Arbizon, le Néouvielle avec son glacier, le pic Long, la Munia, la cime extrême du Mont-Perdu, une partie du Taillon, le Vignemale que l'on distingue tout entier avec ses glaciers et ses quatre pyramides qui se détachent en noir sur le bleu du ciel; l'Arratille, toute la vallée du Marcadaou, celle de Gaube, la Pène d'Araillons, le Cristail, le Balaïtous et le glacier de *Las Néous*, le Pallas, le massif du Gabisos et d'Eras-Taillades; le Cabaliros; les verts pâturages du Riou et de Lisey et le massif d'Ardiden aux aiguilles menaçantes. — Sous vos regards, au fond d'un large précipice, Cauterets, et par la vallée de Lutour, le col et les crêtes neigeuses d'Estom-Soubiran qui vous ramènent au Vignemale. Au S. les pâturages de Cambasque et du Lys et la nappe d'eau brillante du Lac-Bleu.

On peut descendre soit par le même chemin, le seul qui soit praticable à cheval, soit à l'O. par la gorge du Lion; les pentes de ce ravin qui aboutit au val de Catarrabe sont très faciles : 2 h. par l'une ou l'autre voie.

II. Lac-Bleu ou d'Ilheou, 1689 m.

A pied, aller et retour 5 h.; à cheval, 4 h. — Guide, 8 fr., cheval, 6 fr., âne, 5 fr. — Retour par le col de la Haouagade et le pont d'Espagne, à pied seulement. — Guide, 10 fr.

Cauterets au pont de Cambasque (30 m.)

On laisse à droite le chemin du Monné et le val du Lys et allant au S. on remonte la rive droite du torrent de Paladère. La gorge se resserre, la crête du Lys au S.-O semble barrer le chemin. Il faut rester sur la rive droite et suivre le sentier faiblement tracé au milieu des éboulements de Péguère, et de Laytuguse qui se dressent à gauche au S.-E. (1 h. 30).

On voit tout à coup la cascade d'Ilheou, qui se précipite d'une grande hauteur; on gravit le ressaut gazonné très facile qui conduit dans le val d'Ilheou proprement dit, et dépassant le lac Noir, petit lac aux eaux sombres en forme de coupe, près duquel sont des cabanes, on escalade une digue et on atteint (3 h.) le lac d'Ilheou, 1986 m. Il a 11 hectares 87 ares de superficie. L'eau est d'une belle couleur bleue et d'une grande limpidité; à l'E. se dresse le pic de Nets, 2446 m. Le paysage est d'un aspect extrêmement sauvage et solitaire.

On peut revenir à Cauterets : 1° par les pâturages du val de Lys : on traverse le déversoir du lac et on monte au N.-N.-O, puis au N.-E, afin de franchir la crête du Lys, d'où l'on a une belle vue sur le lac aux eaux bleues et les montagnes déchirées qui l'entourent; de la crête on descend pour rejoindre un sentier qui aboutit à celui de Cambasque, 2 h. par cette voie.

2° En montant au col d'Ilheou, ouvert au N.-O., 2306 m., on descendrait, en suivant un des affluents du torrent de Garrenblanc, au lac d'Estaing dans la vallée de Labat-de-Bun, d'où l'on pourrait se rendre soit à Arrens, soit à Argelès par Bun, soit rentrer à Cauterets par le col de Cancestre ou celui de Contente.

3° On pourrait enfin revenir à Cauterets par le col de la Haougade à l'E., le plateau de Cayan et le pont d'Espagne, 4 h. 30 pour le retour par cette voie avec un excellent guide.

III. Le Cabaliros, 2333 m.

A pied, 4 h. à la montée (par le col de Contente, 2 h. à la descente. — Guide, 10 fr.

Le Cabaliros, moins élevé que le Monné, a sur ce dernier l'avantage de faire voir dans tous ses détails le bassin d'Argelès et l'entrée de la gorge qui, de Pierrefitte monte à Luz, à Barèges et à Gavarnie. Le chemin le plus court suit la route de Cauterets jusqu'au Limaçon et remonte le ravin qui descend du sommet. Il ne faut que deux heures pour atteindre la cime, mais on doit être déjà accoutumé aux courses de montagnes et être accompagné d'un très bon guide, car l'arête qui conduit au sommet est très étroite et très disloquée.

Il est plus prudent de faire l'ascension par le col de Contente.

On traverse le pont de la mairie et on suit la promenade du Mamelon-Vert; arrivé au Mamelon-Vert, on prend un sentier pierreux qui monte vers les pâturages sur les flancs de Peyrenère. Après avoir dépassé des métairies et traversé des taillis de hêtres, on s'élève par des pentes plus rapides (1 h.) au *Plateau d'Esponne*, prairies et granges. A l'extrémité de cette terrasse on franchit un ruisseau qui descend de la gorge du Lion vers le val de Catarrabe (1 h. 30), et on atteint les contreforts du Monné. Lorsqu'on a traversé un second ruisseau sorti des plaques de neige du pic du Lion, les pentes deviennent plus escarpées, mais la marche est facile au milieu des touffes dures et piquantes de la *festuca eskia*, et on arrive bientôt sur une terrasse (2 h.) à larges assises schisteuses d'où l'on a déjà une très belle vue, puis on se dirige en ligne droite vers le *col de Contente*, (3 h.) 2199 m., vue magnifique sur les vallées de Bun et d'Azun et sur les plaines. On tourne au N.-E. et on monte par le versant de Labat-de-Bun sur des pentes herbeuses qui rejoignent le sommet; en 45 minutes on atteint l'escarpement final du pic, que l'on gravit en diagonale (4 h.)

Cime du Cabaliros, 2333 m., grand plateau ondulé surmonté d'une tour en pierres sèches.

Le panorama, très beau et très étendu, est sensiblement le même que celui du Monné, mais on voit en plus le bassin verdoyant d'Argelès (v. le panorama de M. E. Wallon).

On peut revenir à Cauterets par la même voie en 2 h. ou plus directement en 1 h. 30 en descendant à gauche du pic sur des éboulements et les gazons très inclinés vers le lac d'Anapéou, en suivant constamment la rive gauche d'un petit ruisseau qui se jette dans le torrent de Catarrabe, au-dessous de la terrasse d'Esponne; on arrive ainsi aux granges de Catarrabe. De là un chemin de chars conduit au Gave, et un pont de bois en face de Cancéru permet de rejoindre la grande route à 1 kilomètre en aval de Cauterets.

IV. Cauterets à Arrens.

Sans parler de la route thermale de Cauterets aux Eaux-Bonnes, on peut se rendre dans la vallée d'Azun par différentes voies : par le Monné, le Cabaliros, le lac d'Ilheou, etc. — Guide, 8 fr. par jour.

A. CAUTERETS AU LAC D'ESTAING ET A ARRENS.

A pied, 6 h. 30 m.

Cauterets aux granges de Cambasque (30 m.). On traverse le gave Paladère et laissant à droite le chemin du Monné et à gauche celui du lac d'Ilheou, on monte sur des pâturages le long du ruisseau du Lys. Les pentes sont faciles jusqu'aux cabanes du Lys. Près de ces cabanes se trouve, dit-on, l'endroit où les Aspois auraient été engloutis par les maléfices du petit abbé de Saint-Savin (1). Il y a quelques années, dans les nuits de brouillards, leurs ossements apparaissaient encore au fond du précipice et des gémissements souterrains se faisaient entendre. — Jusqu'à la fin de juin, le torrent est couvert d'un pont de neige. On s'élève vivement à l'O., sur les escarpements gazonnés du *soum de Grum;* belle vue sur le lac d'Ilheou et le lac Noir (3 h.).

On atteint un long couloir herbeux entre le *soum de Grum* au N, 2638 m. et un mamelon rocheux de la crête d'Ilheou, laissant assez loin sur la gauche le col d'Ilheou. Belle vue sur le val de Cambasque et le massif d'Ardiden à l'E. ; à l'O., sur les montagnes d'Azun. La descente est très facile sur de grands pâturages traversés par le torrent de Garemblanc dont on suit la rive droite. Arrivé près des cabanes d'Arriousec, on tourne un peu au N.-O. et traversant un taillis, on arrive au *lac d'Estaing* (4 h.) 1264 m.; sa superficie est de 12 hectares 4 ares. Les truites qu'il nourrit sont exquises. Situé dans un vallon de pâturages, entouré de montagnes gazonnées, ce lac mériterait d'être plus souvent visité : aucun chaos, aucune montagne en ruines ne l'attriste ; quelques bouquets de hêtres et de pins complètent un tableau doux et calme, d'un aspect pastoral.

(1) Voir page 16.

On contourne la rive orientale du lac, et descendant le val de Labat-de-Bun par un bon chemin muletier, on traverse un petit pont qui conduit sur la rive gauche du Gave ; on suit le fond de la vallée pendant 15 m., puis on monte à gauche, par un sentier à travers un joli bois de hêtres. Les échappées de vue que l'on a sur la vallée, sur le versant occidental du Monné, sur la nappe d'eau du lac d'Estaing, sont tour à tour charmantes et sauvages (4 h. 30).

En face du *hameau de Viellela* qui se trouve sur la rive droite, on tourne à l'O. et on se dirige presque sans monter vers le petit *col de Bordère*, 1400 m., entre le pic du Midi d'Arrens au S. et le pic de Habourat au N. (5 h. 30).

Arrivé sur la crête, on prend un des couloirs gazonnés séparés l'un de l'autre par des arêtes rocheuses, et suivant le cours du ruisseau de Baou, on descend à travers de belles prairies et des bouquets d'arbres vers le Gave d'Azun, un peu en amont de la chapelle de Poeylahun, célèbre lieu de pèlerinage. La chapelle romane, construite sur le rocher qui lui sert de plancher, est très intéressante. De la terrasse on a une très belle vue de la vallée d'Azun au N. et du massif du Balaïtous au S. (6 h. 30).

Arrens, 900 m. *Hôtel de France et de la Poste*, église curieuse. Il faut compter 7 h. 30 de marche d'Arrens à Cauterets par cette voie.

B. CAUTERETS A ARRENS PAR LE COL DE CANCÉSTRE
A pied, 5 h. 30 ; c'est la voie la plus courte.

Partant de Cauterets par la promenade du Mamelon-Vert, on remonte la gorge de Catarrabe. Après avoir dépassé les granges, on s'élève vers la cabane de Saüs qui se trouve dans un beau cirque de pâturages, en suivant un sentier fréquenté par les habitants de la vallée d'Azun, qui prennent souvent ce chemin pour porter leurs provisions à Cauterets. Ce sentier va à l'O.-N.-O. vers la petite échancrure du *col de Cancestre*, entre *le soum de Picarre* et le clot de Contente, en laissant sur la droite l'arête qui monte au Cabaliros.

La descente sur la vallée de Labat-de-Bun est facile ; on suit à une assez grande hauteur la rive droite du torrent de Laür et on arrive au hameau de Vielleta ; on traverse le Gave de Labat et on s'élève sur les pentes du pic du Midi d'Arrens qu'on laisse à gauche pour atteindre, comme dans la route précédente, le col de Bordère (5 h. 30).

Arrens. C'est la voie la plus directe comme distance, la plus courte comme durée.

V. Cascades de Cerisey, de Bausset, Pont d'Espagne, Plateau de Cayan, ou de la Pourterre et cabane du Marcadaou.

Cauterets au pont d'Espagne : à pied, 1 h. 45 m., à cheval, 1 h. 30 m. — Cheval, 5 fr., âne, 4 fr. — Aller et retour, 3 h. 15 m. ou 2 h. 30 m.
Cauterets à Escalier de la Pourterre : à pied, 3 h., à che-

val, 2 h. 30. — Guide, 6 fr., cheval, 6 fr. — Aller et retour, 5 h. ou 4 h.
Cauterets à cabane du Marcadaou : à pied, 3 h. 30 m., à cheval, 3 h. — Guide, 8 fr., cheval, 8 fr. — Aller et retour, 6 h. ou 5 h.

On prend au S. la route de la Raillère. Après avoir dépassé les établissements thermaux du groupe sud et la cascade d'Escanaga, on atteint la première terrasse du val de Gerret. Çà et là gisent d'énormes blocs de granit; le savant Palassou affirmait qu'en cherchant avec soin on y découvrirait des blocs de granit aussi considérable que celui qui, tiré d'un marais de la Finlande, sert de piédestal à la statue de Pierre-le-Grand, à Saint-Pétersbourg.

La route muletière est excellente et bien entretenue ; elle traverse une grande forêt de sapins où le lynx vivait encore il y a une centaine d'années ; en 1777, des chasseurs virent une mère et son petit ; le jeune lynx fut pris et envoyé à Paris, au jardin du roi. Le lynx semble avoir complètement disparu des Pyrénées et il est vraisemblable qu'il n'a jamais été commun dans cette région, car il ne figure pas parmi les animaux dangereux pour la destruction desquels l'abbé de Saint-Savin payait une prime.

La végétation puissante des rives du Gave, les énormes rochers qui se dressent dans les petites clairières couvertes de fraisiers, les sapins enguirlandés de mousse, le bruit de plus en plus accentué de la cascade du Cerisey, font de cette excursion une des plus belles promenades du versant français des Pyrénées. A droite, de l'autre côté du Gave, au milieu des forêts, s'élève la muraille de Péguère qui se prolonge jusqu'au pont d'Espagne.

Cascade du Cerisey (1 h.). Pour bien la voir, il faut descendre sur le bord du Gave. Sous les rayons du soleil du matin, la cascade est diaprée des couleurs de l'arc-en-ciel. La gerbe d'eau, brisée à moitié de sa chute, s'élance une seconde fois et retombe en pluie irisée dans un profond canal qui semble un abîme. — Un petit pont jeté sur le torrent permet de la voir de face et aussi d'aller visiter les forêts de la rive gauche. On trouve près de la cascade de belles plantes : *allium victorialis*, etc.

Chaque ressaut de la vallée donne naissance à une cascade : celles du Pas-de-l'Ours et surtout celle de Bausset sont les plus belles (1 h. 25).

Cascade de Bausset. On la visite rarement parce qu'elle est un peu en dehors de la route, mais elle mérite d'être plus connue, le Gave s'y précipite d'un seul jet et le volume d'eau est considérable. Même sans guide, elle est facile à trouver : à droite du chemin, un énorme sapin, dont le tronc creux a été calciné par le feu, indique l'endroit où il faut descendre vers le Gave, à travers les arbres et les fougères, et on arrive sur un rocher poli par l'action de l'eau et très glissant, d'où l'on voit très bien la cascade, l'une des plus belles de cette région.

Le paysage devient de plus en plus sauvage et

grandiose : les hêtres alternent avec les sapins ; çà et là de vertes clairières laissent passer les rayons du soleil et égayent le regard. Depuis quelques années, les forêts ont été mises en exploitation, mais les arbres couvrent encore toute la gorge et descendent jusqu'au torrent. A gauche se dressent les pics de Peyrelanz et de Labasso, dorés par le soleil. Après avoir traversé une clairière et laissé à gauche le chemin du lac de Gaube, on franchit un pont de bois jeté sur le Gave, *Lactuca plumieri*, on contourne un monticule et on arrive (1 h. 45) à la cantine du

Pont d'Espagne, 1566 m.

Les cavaliers paient un droit pour leurs montures.

Là on se trouve tout à coup en face de la chute célèbre du pont d'Espagne : au débouché du val de Gaube, les montagnes s'écartent, le Gave de Gaube descend majestueusement en une large nappe d'eau sur une banquette de granit de dix mètres de hauteur, et, après un court arrêt, bondit d'un seul jet dans le gouffre où il se réunit au Gave de Marcadaou. Bordée de sapins, entourée de hautes montagnes qui lui servent de cadre sans l'étouffer de leur masse et de leur ombre, la chute du pont d'Espagne est une des plus belles scènes de la nature que l'on puisse rencontrer.

Après avoir vu la chute supérieure du haut du monticule, il faut descendre au bord du Gave pour mieux voir le gouffre; ce n'est ni long ni difficile.

Si l'on n'a pas porté des provisions de Cauterets, on peut déjeuner à la cantine.

On ne saurait trop engager les nombreux visiteurs du pont d'Espagne et du lac de Gaube à prolonger leur excursion jusqu'à la cabane du Marcadaou, ou tout au moins jusqu'aux escaliers de la Pourterre.

Au delà de la cantine, on entre dans la vallée du Marcadaou ; le chemin bien tracé et facile pour les chevaux franchit une barrière rocheuse, dernier éperon de la longue muraille de Péguère, et tourne à l'O.-S.-O., passe entre le col d'Ifom à gauche et le Pic de Nets à droite, traverse un petit plateau et pénètre dans le riant bassin de Cayan, 1602 m. où la vallée prend une direction S.

Le *plateau de Cayan*, avec ses ilots de rochers d'une belle couleur, couronnés de bouquets de pins rouges, avec ses pelouses traversées par le Gave qui serpente paisiblement, son encadrement de hautes montagnes : à droite Couronalas et Castelabarca, à gauche le pic de Gaube, les crêtes de Conilières et de Jertet, au fond, au S. les pics élancés de l'Affron, de la Badette aux cimes couvertes de neige, le plateau de Cayan ressemble à un immense parc admirablement dessiné. Sur les deux versants sont de noires forêts habitées par l'ours et par le coq de bruyères.

En remontant les pentes de droite, ouest, on atteindrait, mais à pied seulement, le col de la Haougade (v. route 2.) qui conduit au lac d'Ilheou et de là à

Cauterets par le Cambasque où à Arrens par le lac d'Estaing. Un peu plus loin, à gauche, s'ouvre le vallon de Pouytremous, parallèle au val de Gaube ; il remonte au S. jusqu'à la base du pic de Chabarrou, 2914 m.; ce val, très pittoresque mériterait d'être plus souvent visité. En face du débouché du val de Pouytremous, sur la droite à l'O. est un ravin escarpé qui mène aux lacs de l'Embarrat et au lac assez grand de Pourtet.

(2 h. 55). Un pont conduit sur la rive droite du Marcadaou, devant l'*escalier de la Pourterre*, banquette de granit couverte de taillis et plus facile à gravir à pied qu'à cheval (3 h. 15). Un autre pont ramène sur la rive gauche ; on monte droit à travers des pâturages pierreux et l'on atteint le plateau de Louboussou et la *Cabane du Marcadaou* (3 h. 30), 1800 m. adossée à un rocher et située dans un cirque de pâturages, le *pla de la Gole.*

La vue de la grande Fache ou Soum de Baccimaille, 3020 m. est extrêmement belle, surtout au coucher du soleil. Un peu au delà de la cabanne s'ouvrent : au S.-O. le vallon lacustre de Cambalès ; au S.-E. le vallon boisé d'Aratille qui remonte vers les pics d'Aratille et de la Badette. Au S. se montre le port du Marcadaou qui mène aux bains de Panticosa et dans la belle vallée de la Thena.

On peut facilement, à pied ou à cheval, arriver à la cabane du Marcadaou, visiter au retour le lac de Gaube et rentrer dîner à Cauterets.

VI. Lac de Gaube, 1788 m.

A pied, 4 h. aller et retour; à cheval, 3 h. 30. — Guide 5 fr., cheval, 5 fr., âne, 4 fr.

Un peu avant d'arriver au pont d'Espagne (v. route 5.), on tourne à gauche afin de gravir par des lacets rapides et pierreux le ressaut du val de Gaube, couvert de sapins magnifiques et plus haut de pins rouges. Au milieu de la montée on laisse à gauche un petit plateau marécageux; les arbres deviennent peu à peu chétifs et rares. — *Gentiana burseri, vaccinium uliginosum.*

On pourrait aussi, mais à pied seulement, suivre le bord du Gave de Gaube; à mi-chemin se trouve le petit lac de Habuts où l'on pêche de très belles truites.

Lac de Gaube, 1788 m. (2 h. 15). Nappe d'eau d'une belle couleur vert-bleu, en forme de coupe; sa superficie est de 16 hectares 12 ares.

Le lac est entouré de tous côtés de hautes montagnes : à l'E. Labassa, à l'O. le pic de Gaube, au S. le gigantesque Vignemale avec le beau glacier des Oulettes. Par une belle journée, l'ensemble du lac, d'un dessin pur et élégant, des glaces et des pyramides du Vignemale forme un admirable tableau. De l'autre côté du lac, au S. se montre la cascade de Splumous.

Les truites saumonées du lac sont exquises. Avant 1789, l'abbaye de Saint-Savin en affermait la pêche par bail de trois ans, moyennant un demi-quintal de truites transporté au monastère et une somme d'argent. L'abbé avait en outre le droit d'y venir pêcher.

On peut coucher à l'auberge quand on se rend au Vignemale ou quand on veut explorer les environs. Devant la maison, sur une roche, est un petit monument funéraire rappelant la mort accidentelle de deux jeunes anglais, le mari et la femme, appelés Patterson, qui se noyèrent dans le lac en 1832, pendant leur voyage de noce. Autour du lac on trouve : *Thalictrum alpinum, élatine alsinastrum, Equisetace hyemales, etc.*

Le livre des voyageurs est curieux à feuilleter ; voici un spécimen de la poétique de certains visiteurs ; il a déjà été cité par M. Ch. Packe :

Dans le bleu du ciel le temps éclaire
On sent partout la fraîcheur de l'eau
Le Vignemale se reflète dans les eaux si calmes
Comme ta visage chérie, se reflète en mon âme !
Dieu fasse que les nuages jamais font obscures
Cette vue à mon esprit, ta présence à mon cœur.

(Textuel.)

VII. Port du Marcadaou et bains de Panticosa.

A pied, 5 h. 15 au port du Marcadaou ; 7 h. 30 aux bains ; 9 h. au village de Panticosa. Par le beau temps on peut, dit-on, aller à Panticosa à cheval. — Guide, 10 fr. par jour, — nécessaire.

(3 h. 30) De Cauterets aux cabanes du Marcadaou (v route 5). La principale cabane peut contenir six personnes. Si l'on ne préfère pas coucher en plein air dans un sac en peau ou dans des cou-

vertures, on peut s'y établir pour faire les ascensions du pic d'Enfer, de la grande Fache, du Cambalès, pour explorer la région lacustre de Bramatuero, etc.

La jouissance des pâturages supérieurs du Marcadaou appartient en partie aux communes de la vallée espagnole de la Thena, en vertu d'anciennes concessions faites par les abbés et la république de Saint-Savin : au mois d'octobre 1866, les limites de ces pâturages ont été fixées à nouveau par les délégués du syndicat de Saint-Savin et les alcades des communes espagnoles. Des croix indiquant ces limites ont été tracées sur le rocher.

Après avoir franchi le pont qui se trouve en face de la cabane du Marcadaou, on passe sur la rive droite du Gave, on traverse les gazons et les roches moutonnées du pla de la Gole et en 20 minutes un deuxième pont ramène sur la rive gauche (3 h. 50).

A droite à l'O. s'ouvre le vallon lacustre de Cambalès, (cabane.) Le Gave devient plus étroit, on est au fond d'un cirque de pâturages pierreux, dont les versants sont très redressés. A pied, il faut prendre un sentier qui monte rapidement à droite, laissant sur la gauche les lacets du chemin muletier (4 h. 30).

On atteint l'excellente source de la *Hount-Frie. Saxifraga groënlendica, S. ajugefolia, S. stellaris, potentilla nivalis, etc.*; appuyant un peu à gauche sur des pentes de neige, on se dirige droit vers le port du Marcadaou qui s'ouvre au S. (5 h. 15).

Port du Marcadaou, 2,500 m. *Potentilla nivalis, P. frigida, pyrola uniflora*, dominé à l'E. par le pic de Péterneille, 2904 m. qui cache le Vignemale. Belle vue à l'E.-S.-E. sur le Bramatuero, le pic de Sarrato, le Cardal, le Tendenera, Las Escuallas, La Pèna d'Oos; à l'O.-S.-O. se dresse bientôt devant vos regards la belle montagne du pic d'Enfer ou Quejada de Pandillos, 3200 m., chamarrée de glaciers aux teintes bleues; au S. les massifs neigeux de Bondellos et de Maccimaña; à vos pieds s'étale le joli lac de Zaraguala et la profonde coupure du Rio Calderas; au N. toute la vallée du Marcadaou. La descente en Espagne sur des talus pierreux est rapide (5 h. 25).

Près du lac de Zaraguala, 2231 m. on laisse à droite la gorge qui conduit à la moraine du glacier du pic d'Enfer et au col de Sallent; un peu plus loin s'ouvre, à gauche, la région lacustre et étrange du Bramatuero par laquelle on pourrait se rendre au Vignemale par Cerbillona ou dans la vallée de Broto.

Le chemin passe près de petits étangs de Maccimaña et suit droit au S. la rive gauche du Rio Calderas qui se précipite entre de hautes parois à pic taillées dans le granit. On doit se tenir toujours à une certaine distance du torrent et appuyer à gauche afin d'éviter les escarpements infranchissables du fond de la gorge. Après avoir successivement descendu quatre terrasses granitiques, où la roche est en grande partie dénudée, on atteint (7 h 15) une petite construction située à 1757 m. sur le bord de la dernière terrasse, c'est l'établissement thermal *del Estomago*. De là on a subitement la vue du bassin triangulaire des bains de Panticosa, de son lac et de la gorge del Escalar. Une descente rapide sur une pente pierreuse conduit (7 h. 30) aux

Bains de Panticosa, 1616 m.

Au N. la belle cascade du Rio Calderas, après plusieurs chutes, se précipite d'un seul jet de 60 m. de hauteur.

L'établissement thermal des eaux sulfureuses de Panticosa est ouvert du 20 juin à la fin de septembre. Il se compose d'un grand bâtiment bien installé, d'un casino, d'une chapelle et de quelques annexes et maisons groupées dans un bassin d'un kilomètre de diamètre. Ces bains sont très fréquentés par les Espagnols. Près de l'établissement : *Dianthus attenuatus, sedum anacampseros.*

Une excellente route carrossable qui aboutit aux bains conduit par Puyo, Viceas, Jaca et Ayerbe à Huesca, où l'on trouve un chemin de fer qui s'embranche à Tardienta sur la voie ferrée de Saragosse à Barcelone. Pendant la saison des eaux, cette route est desservie par un service quotidien de diligence ; le trajet est de 18 heures en descendant à Huesca et de 20 heures de Huesca aux bains; le prix est de 30 francs.

En 1 h. 30 en prenant la route de Huesca qui passe devant le joli lac de Panticosa, où l'on pêche d'excellentes truites, on peut descendre par la sauvage et belle gorge boisée del Escalar au village de Panticosa, 9 h. de Cauterets ; on y trouve à dîner et à coucher très convenablement et à des prix modérés, chez le chirurgien Bisente; la maison borde la route. Le village est en contre-bas de la route. *Delphinium ajacis, hélianthemum roseum, linum narbonese*, etc.

Si l'on dispose de trois jours, on pourrait faire une très belle excursion : le 1er jour, de Cauterets au village de Panticosa, 9 h. ; 2e jour, du village à Gavarnie par le val de Ripera, le cirque grandiose et le col de Tendenera, le charmant val d'Hotal, Boucharo et le port de Gavarnie, 8 h. 30, et le troisième jour rentrer à Cauterets par le val d'Ossoue et le lac de Gaube, ou par le val d'Aspé, le col de la Malle-Rouge, les lacs d'Estom-Soubiran et le val du Lutour, 9 à 10 h.

On peut aussi en partant des bains se rendre à Sallent par le massif de Bondellos en 5 h. ou par la route et la belle gorge du Gallego en 3 h. 30, ou à Gavarnie en 8 h. par le lac et le col de Brassato et le plan d'Aube.

Si l'on veut revenir le lendemain à Cauterets on pourrait, en partant des bains à 4 h. du matin, faire l'ascension du pic d'Enfer et descendre coucher à Cauterets, environ 11 h. (v. route 8). Sarrette, Joseph Barane, Clément Latour à Cauterets, Henry Passet à Gavarnie connaissent bien ce district.

VIII. Pic d'Enfer ou Quejada de Pundillos, 3200 m.

Par le glacier : 8 h. 15 à la montée, 7 h. à la descente à Cauterets, 2 h. 30 descente aux bains de Panticosa. Par le col de Sallent, 10 h. 30 à la montée. — Guide, 25 fr. en un ou en deux jours. — Il est facile de coucher à la cabane du Marcadaou, ce qui abrège de 3 h. 30 la durée de la course. — Excellent guide et hache nécessaire.

Cauterets au port du Marcadaou (5 h. 15) (v. route 7). On pourrait se rendre à cheval jusqu'à la cabane du Marcadaou ou même jusqu'au port et revenir à cheval à Cauterets.

A. ASCENSION PAR LE COL DE SALLENT.

On descend à droite du port jusqu'à deux petits lacs; après avoir traversé le torrent entre ces deux lacs, on tourne au S.-O. et on monte sur les flancs d'un contrefort de la grande Fache que l'on contourne sur des éboulis. — Isards nombreux. On descend ensuite vers deux lacs d'un bleu clair laiteux alimentés par les neiges et les glaciers du pic d'Enfer, *armeria alpina, ranunculus alpestris, leucanthemum alpinum*, etc.

La vue de la Quejada (mâchoire) de Pundillos est grandiose avec ses glaciers et ses fleurons rattachés l'un à l'autre par une arête qui s'effile en lame de couteau. Un glacier coupé transversalement en deux par une banquette de rocher, couvre le flanc N. de la montagne. A la fin de l'été il est très crevassé et difficile à gravir. Au S.-O. entre la Quejada et le massif très élevé et peu connu de Piedrafitta, s'ouvre, à 2300 mètres, le col de Sallent qui conduit au bourg de ce nom (11 h. de Cauterets) lorsque le glacier est à découvert, c'est vers ce col qu'il faut se diriger.

Col de Sallent ou d'Enfer (7 h. 15). Blocs magnifiques de porphyre avec pyroxène. Vue très sauvage et très belle. Il faut descendre pour remonter ensuite le versant S. du pic, le versant O. est presque inaccessible. La roche calcaire est glissante et demande beaucoup d'attention, car on est entouré d'abîmes de tous côtés. Vue de Sallent et des montagnes d'Aragon. On contourne un glacier, puis on remonte sur des pentes pierreuses et l'on atteint enfin (10 h. 30) la cime du pic d'Enfer ou Quejada de Pundillos, 3200 m. C'est par cette voie que M. le comte Henry Russell-Killough a fait la première ascension du pic le 19 juin 1867, avec Sarrette, et que le 8 août 1867 M. Emilien Frossard atteignit également la cime avec Joseph Baranne.

Nous n'indiquons cette route que pour les visiteurs des mois d'août et de septembre. Il vaut infiniment mieux faire l'ascension par le glacier nord; du mois de juin au milieu d'août on peut le gravir sans avoir à tailler un grand nombre de pas dans la glace.

B. ASCENSION PAR LE GLACIER NORD.

Port du Marcadaou (5 h. 15). On descend au premier lac de Maccimaña, puis on tourne à droite au N.-O. et on contourne la base d'un énorme éboulis de pierres descendues des pics de la Fache. Arrivé à l'extrémité de cet éboulis, on laisse à droite le sentier du col de Sallent et on atteint bientôt le lac glacé d'Enfer, couvert de glace au milieu du mois de juillet (6 h. 30). Après avoir traversé le déversoir du lac en sautant de pierre en pierre, on aborde le glacier nord, dont les premières pentes faciles se redressent sans dépasser pourtant un angle de 45°. On se dirige vers le banc de roche qui coupe transversalement le glacier ; à la fin de l'été, une profonde rimaye le rend quelquefois inabordable ; dans ce cas, si l'on persiste à vouloir faire l'ascension, il faut aller prendre la route du col de Sallent ; mais jusqu'au commencement d'août et souvent plus tard, en cherchant bien, il est rare que l'on ne trouve pas un pont de neige permettant d'atteindre le rocher. Lorsqu'on a franchi la rimaye et escaladé le rocher, on se trouve sur un névé sans crevasse, et l'on arrive promptement à la base d'une pyramide de calcaire gris dont les pentes sont presques verticales. La roche est solide et les cheminées offrent des échelons faciles à gravir ; fleurs nombreuses : *ranunculus glacialis* à fleurs blanches *artemisia mutellina*, *armeria alpina*, *erigeron uniflorus*, *androsace tumescens*, etc.

Cime, 3200 m. (8 h. 45), reliée par une arête aiguë mais sans difficulté à un fleuron de calcaire rougeâtre.

Le panorama qui se déroule du sommet de la

Quejada de Pundillos est immense et de toute beauté. Vers le N.-O., au premier plan la grande Fache, les murailles formidables de Frondellia et du Balaïtous avec son glacier méridional; la crête de Piedrafitta dominée par les pics de Boussalès, Lanne-Bontal, etc., le pic du midi d'Ossau, le pic aigu de l'Anayette, gravi pour la première fois en 1874 par le comte Henry Russell; plus au S., la Peña Colorada et les grands pics qui se trouvent à l'O. de Canfranc; au N., les montagnes des Eaux-Bonnes, d'Azun, de Cauterets; la vallée du Marcadaou et le bassin de Cauterets, le massif d'Ardiden, les montagnes du Bastan, etc.; à l'E., le Péterneille, le Vignemale et le Cerbillonna, toute la chaîne calcaire du Marboré, le massif des montagnes d'Aure, celui de Luchon, au loin les montagnes de l'Ariège; au S., le Bramatuero, le Tendenera, la Peña d'Oos; au S.-O. la Sierra de Guarra, la Sierra d'Oroël, au loin le Moncayo qui domine Saragosse; en plein S., la plaine d'Espagne chaude et lumineuse contrastant avec les neiges, les glaciers, les vingt lacs à moitié glacés qui vous entourent.

On peut, en 7 h., descendre à Cauterets, soit 15 h. 15 aller et retour, arrêts non compris Si l'on trouve la course trop longue pour un seul jour, on peut se rendre en 2 h. 30 aux bains de Panticosa, soit 10 h. 45.

Dans ce cas, une longue glissade sur la neige vous ramène en 30 minutes au lac glacé d'Enfer;

tournant ensuite au S., après avoir traversé un petit bassin marécageux, on contourne les contreforts du pic et on se trouve bientôt devant le Rio-Calderas, large et assez profond qu'il faut traverser à gué afin de prendre le sentier de la rive gauche (v. route 7). *Bains de Panticosa* (2 h. 30). On pourrait encore en passant par le versant S. descendre par le col de Sarrette et le Bondellos aux bains, mais cette voie est plus longue et plus difficile.

IX. Pic de la grande Fache ou Soum de Baccimaille, 3020 m.

A pied, 6 h. 45 à la montée; 5 h. à la descente à Cauterers. — Guide, 10 fr.

Cauterets aux cabanes du Marcadaou (3 h. 30). On suit pendant 30 minutes le chemin du port, puis, après avoir dépassé la gorge de Cambalès (4 h.), on tourne à l'O. et on s'élève rapidement en laissant à gauche une jolie cascade et la cabane de la Fache, 2000 m.

Lac de la Fache (4 h. 45). Toute cette région est connue des guides et des chasseurs de Cauterets sous le nom général de la Fache. Les petits lacs portent sur le n° 251 de la carte de l'état-major, le nom de lacs de Remoulains. Au delà du lac, une grande pente de neige monte au col de la Fache, entre le pic de la grande Fache, 3020 m. et le pic de la petite Fache, 2956 m. La montée assez raide n'offre aucune difficultée.

Col de la Fache, 2500 m. environ (5 h. 30). La vue est extrêmement belle : au N.-E., les montagnes de Cauterets, dominées par le Vignemale, par l'Ardiden et par la belle pyramide de la petite Fache ; au S., la grande Fache, réunie au col par une arête rocheuse, le pic d'Enfer n'est pas en vue ; à l'O. le Cristail, le Balaïtous, le pic du Midi d'Ossau ; à vos pieds, en Espagne, la longue vallée de Piedrafitta, dominée par les pics élancés de Lanne-Bontal, Bous-salès, Pipous, etc.

On gravit au S. l'arête très longue mais très facile qui monte au pic (6 h. 45).

Sommet de la grande Fache ou Soum de Baccimaille, 3020 m. Le panorama y est très beau et très varié : le pic d'Enfer, le massif de Piedrafitta, le Balaïtous, le Vignemale, etc. ; à l'E.-N.-E., le pic du Midi de Bigorre et le Néouvielle attirent surtout le regard. La descente à Cauterets se fait en moins de 5 h. par le même chemin.

On peut, après avoir descendu au col de la Fache, se rendre en 5 h. 30 à Sallent par le vallon de Piedrafitta, ou aller coucher à la cabane de Darré-Spumous, à 3 h. de la cime, le lendemain faire l'ascension du Balaïtous et rentrer à Cauterets par la brèche de Cambalès.

X. Lacs et brèche de Cambalès.

A pied, 6 h. 30 à la montée ; 4 h. 15 à la descente à Cauterets. — Guide, 10 fr.

Cauterets aux cabanes du Marcadaou (3 h. 30.)

On continue pendant 20 minutes à remonter à l'O. Arrivé au second pont jeté sur le Gave, on tourne à droite et on remonte le ruisseau de Battans qui sert de déversoir aux principaux lacs du val de Cambalès. La direction est O.-N.-O. et le sentier décrit une grande courbe. Cette course est une charmante promenade qui consiste à remonter de lac en lac au milieu de beaux pâturages occupés pendant l'été par des troupeaux de moutons et leurs bergers. Chaque lac se déverse en cascade dans un couret qui se jette dans le lac inférieur. En explorant tout le cirque de Cambalès, ce qui demanderait une journée entière, on rencontrerait une vingtaine de lacs, grands ou petits.

Au delà d'un lac supérieur assez grand, on se trouve devant la muraille très redressée qui réunit le pic Cambalès, 2965 m. au Bernat-Berraou, 2817 m. Une montée très escarpée sur des plaques de neige, puis sur des roches calcaires jaunâtres conduit (6 h. 30), à la *Brèche de Cambalès*, environ 2700 m. La vue y est admirable sur la haute vallée d'Azun, sur le Balaïtous et le glacier de *Las Néous*, sur tous les pics de Cauterets et des Eaux-Bonnes.

Une descente assez rapide mènerait en 1 h. au port de la pierre Saint-Martin et de là soit à Sallent en 4 h. (11 h. 30 de Cauterets), soit à Arrens par Castery et Labassa, soit enfin à la cabane de Darré-Spumous, à la base méridionale du Balaïtous

Il faut 1 h. 45 pour rejoindre la cabane du Marcadaou par le même chemin, d'où 2 h. 30 à Cauterets. C'est une course d'environ 11 h. mais on peut se rendre à cheval jusqu'au lac de Cambalès, où, s'il y a encore de la neige dans le Cambalès, jusqu'à la cabane du Marcadaou.

XI. Col de la Badette et Bramatuero.

A pied, à la montée, 6 h. 30; descente à Cauterets, 4 h. 30; descente aux bains de Panticosa, 3 h. — Guide, 10 fr.

Cauterets à la cabane du Marcadaou (3 h. 30). On laisse à droite le chemin du port et on suit la rive droite du torrent d'Arratille au milieu de bouquets de pins pittoresquement groupés. Les ours des forêts d'Arratille viennent souvent rôder autour des troupeaux du Marcadaou (4 h.).

Confluent du torrent de la Badette, dont on remonte la rive droite sur des éboulis couverts çà et là de buissons, de rhododendrons, on atteint un petit plateau d'où l'on jouit d'une belle vue à l'E. sur le bassin boisé d'Arratille, sur la cascade qui se précipite du premier lac de ce nom et sur le pic Chabarrou, 2911 m. Les pentes deviennent plus escarpées, on laisse à droite un filet d'eau de neige et franchissant la digue du lac inférieur de la Badette, on contourne ce lac afin d'atteindre son extrémité méridionale (4 h. 30). Quelques minutes suffisent pour monter à un second lac plus grand que le premier et à moitié glacé jusqu'au commencement de l'été.

On passe à l'E. de ce lac sur des pentes couvertes de neige et on commence à gravir des escarpements au S.-O. La marche sur les graviers et les blocs éboulés est fatigante et assez longue, enfin on atteint la roche en place et de grandes plaques de neige (6 h.). Une escalade facile de 20 minutes conduit au *Col de la Badette*, 2600 m. (6 h. 20). Belle vue sur la grande Fache et les montagnes de Cauterets ; au S., le pic de Sarrato et le Cardal ; au S.-E., le vallon lacustre du Bramatuero avec trois beaux lacs et son débouché au S.-O. dans la gorge de Maccimaña qui conduit aux bains de Panticosa, au S.-O. la Quejada de Pundillos, ses glaciers et ses lacs.

On peut, en descendant à l'O.-S.-O. au milieu de blocs écroulés et de plaques de neige dans le val de Bramatuero, atteindre en 1 h. 30 la gorge de Maccimaña et de là en 1 h. 30 également se rendre aux bains de Panticosa, ou après avoir descendu dans le Bramatuero remonter à l'E.-S.-E. pour arriver à la cabane du Cerbillona et le lendemain faire l'ascension du Vignemale ou aller coucher à Boucharo dans la vallée de Broto.

Descente à Cauterets, 4 h. 30.

XII. Le Vignemale, 3290 m.

Deux jours. — Guide, 30 fr. — Corde et hache nécessaires.

A. PAR LA HOURQUETTE D'OSSOUE.

De Cauterets, montée 7 h. 20.

Cauterets au lac de Gaube (2 h. 15) (v route 6).

On peut contourner le lac sur la rive ouest par un sentier pierreux, mais il est plus agréable et plus court de le traverser en bateau (1 fr. par personne, les guides ne paient pas). Au delà du lac on remonte successivement cinq ressauts de granit peu élevés donnant naissance à autant de petites cascades; la première et la plus importante, que l'on voit très bien du lac de Gaube, est la *Cascade de Splumous*. (3 h.) Les terrasses qui réunissent les ressauts de granit sont presque horizontales et couvertes de pâturages; après les avoir successivement dépassées, on franchit le torrent, et l'escalade d'un escarpement facile conduit aux *Oulettes du Vignemale*, 2197 m. (4 h.) Vue grandiose des glaciers et des formidables précipices septentrionaux du Vignemale qui se dresse d'un seul jet à 1100 m. au-dessus des Oulettes. A gauche est le pic de l'Arraillé, à droite au S.-O. le col des Oulettes ou des mulets. Là s'ouvrent deux routes pour atteindre la Hourquette d'Ossoue, soit en passant au S.-E. à la base du glacier, soit en montant à gauche au S. sur les contreforts de l'Arraillé et sans mettre le pied sur le glacier, cette dernière voie est la plus facile et la plus courte, quoique peu usitée.

On escalade les contre-forts de l'Arraillé, et laissant à gauche le col de ce nom qui, en 1 h. conduirait au lac d'Estom et dans la partie supérieure du val de Lutour, on continue au S. sans monter, ni descendre à environ 2600 m. d'altitude, le long de la crête de l'Araillé, puis de Labassa, et l'on atteint une cheminée étroite mais facile allant du N.-O. au S.-E. qui aboutit à *la Hourquette d'Ossoue* (5 h.) ou col du Vignemale, 2738 m. entre le pic de Labassa au N. et le petit Vignemale au S. D'ici on peut, en 1 h. 15 m. faire l'ascension du petit Vignemale, séparé de la Pique-Longue par un infranchissable abîme.

Lorsqu'on a dépassé la Hourquette on voit au S. le grand glacier d'Ossoue ou glacier oriental du Vignemale. Il descend de l'O. à l'E. sur une longueur d'environ 6 kilomètres et une largeur de 1000 à 1200 m. C'est le seul glacier d'écoulement des Pyrénées, les autres glaciers ne sont que des glaciers de sommet ou de second ordre, quoique quelques-uns d'entre eux soient fort étendus et qu'il soit facile de faire des courses de six à sept heures et même davantage sans quitter la glace, au Marboré, dans le fond de la vallée d'Aure ou dans la région française et espagnole de Luchon.

Les crevasses et les séracs sont nombreux sur le glacier d'Ossoue et c'est commettre une imprudence que de tenter de le remonter si l'on est moins de trois personnes et sans être attaché. Les crevasses larges et très profondes de la rive gauche du glacier sont couvertes de neige au commencement de l'été, et il est plus prudent de ne pas l'aborder par le côté du petit Vignemale, et, comme le recommande le comte Henry Russell, le plus hardi gravisseur des Pyrénées, de descendre à l'E. dans le bassin où se réunissent, sous des ponts de neige qui ne fondent presque jamais, les eaux qui forment le gave d'Ossoue (de là en remontant à l'E. on atteindrait en 45 m. le col d'Estom-Soubiran), on tourne ensuite au S. et on suit la rive droite du torrent jusqu'à la moraine terminale du glacier (5 h. 45). Là on remonte vivement sur des pentes herbeuses afin d'atteindre les rochers du Montferrat *gentiana nivalis*, beaucoup de fleurs. L'arête calcaire du Montferrat est glissante et demande de l'attention ; au-dessous et à droite de l'arête se trouve le glacier, un peu avant d'arriver à l'endroit où la roche disparaît sous la glace, il faut aborder le glacier à l'endroit que l'on trouvera le plus favorable (6 h. 30).

Quoique au moyen de ce détour on ait évité la partie la plus dangereuse du glacier, il est nécessaire de se servir de la corde, les crevasses sont nombreuses et souvent cachés par une faible couche de neige : les pentes d'ailleurs sont peu inclinées et l'on est rarement obligé de se servir de la hache. Arrivé au névé qui, à 3200 m. d'altitude, forme un admirable plateau de neige d'où émergent le Cerbillona à gauche et la Pique-Longue à droite, il n'y a plus aucun danger. On traverse le névé de l'E. à l'O. et on atteint la base de la Pique-Longue (7 h.). Une rude escalade de 20 m. sur des schistes rouges désagrégés conduit à la cime. Afin d'éviter les chutes de pierres on devra monter très rapprochés les uns des autres et gravir sans chercher à se servir des mains, tant la roche est peu sûre. Avec un peu de prudence, il n'y a aucun danger.

Cime du *Vignemale ou Pique-Longue*, 3298 m. (7 h. 20), la plus haute montagne des Pyrénées françaises; le Néthou, 3404 m., les Posets, 3367 m., le Mont-Perdu, 3351 m. et le Cylindre, 3323 m. sont sur le versant espagnol, en dehors de l'axe de la chaîne. *Ranunculus glacialis, draba tomentosa, draba walhenbergi, draba aizoïdes, Iberis spathulata, saxifraga oppositifolia, S, groënlendica, poa annua, androsace ciliata*, etc.

B. PAR LE COL DES OULETTES OU DES MULETS ET LE CERBILLONA.

De Cauterets, montée, 9 h. C'est la voie la plus facile si l'on évite avec soin le clot de la Hount.

Cauterets aux Oulettes du Vignemale (4 h.) (v. route A). On continue au S. vers le glacier septentrional du Vignemale.

Laissant à gauche le glacier et l'un des chemins de la Hourquette d'Ossoue (4 h. 30), on grimpe rapidement pendant 1 h. à droite pour atteindre le col des Oulettes ou des mulets, 2500 m. environ, et entrer en Espagne (5 h. 30). A droite est le pic d'Arratille, à gauche une crête qui remonte au Vignemale en s'effilant de plus en plus et inabordable. Lorsqu'on a dépassé le col, il faut continuer à marcher, sans monter ni descendre, en obliquant à gauche sur des talus de pierres, parmi lesquels surgissent çà et là quelques îlots de verdure (du col des Oulettes on pourrait descendre en 4 h. à Boucharo, 9 h. 30 m. de Cauterets).

On arrive en face d'un large ravin qui s'élève à gauche jusqu'à Vignemale, (5 h. 50) c'est le *Clot de la Hount ;* recouvert d'un glacier à pentes redoutables, il s'élève à 800 m. de hauteur absolue et lors même que la glace est recouverte de neige, il est *périlleux* de tenter l'ascension par cette voie, à cause des pluies de pierres qui tombent en ligne droite du sommet. M. Emilien Frossard fils, avec les deux excellents guides Sarette et Joseph Baranne a failli y périr, et les voyageurs ne durent leur salut qu'au dévouement de J. Baranne.

Il faut dépasser le clot de la Hount en descendant un peu à gauche vers la muraille du Cerbillona (nom espagnol du versant méridional du Montferrat). Cette muraille, haute d'un millier de mètres, paraît à première vue inaccessible, tant elle est redressée ; les contournements de la roche lui donnent un aspect étrange. Malgré son apparence redoutable, cette muraille n'est pas dangereuse à escalader ; la seule difficulté, ce sont des éboulis sans consistance dans lesquels on enfonce et on glisse presque à chaque pas. On doit avoir soin de laisser à gauche les rochers très redressés et très glissants qui bordent le clot de la Hount. La montée de cette immense paroi demande environ 2 h. ; enfin, on atteint une petite terrasse d'où l'on voit déborder, au-dessus de soi un coin du grand glacier d'Ossoue, et une nouvelle et rude escalade mène en 20 m. (8 h. 20) au réservoir ou névé du grand glacier oriental, 3223 m. De là, 15 m. de l'E. à l'O. sur cette belle plaine de neige conduit à la base de la pyramide de la Pique-Longue, d'où 20 m. au sommet.

Pique-Longue du Vignemale (9 h.).

Si l'on suit cette voie et que l'on veuille descendre à Cauterets, 6 h., il est nécessaire de coucher le 1er jour au lac du Gaube où à la cabane des Spumons. Si l'on descend à Gavarnie, 4 h., ce serait une course de 13 h., arrêts non compris.

Du sommet de la Pique-Longue, la vue s'étend sur toutes les Pyrénées, sur les plaines de France et d'Espagne (on voit distinctement le Vignemale de Saragosse), à l'O. le pic d'Enfer, le Balaïtous, la haute chaîne des Eaux-Bonnes, etc ; au S. le Tendenera, le Sébouilla, les Sierras de Guara et d'Oroël ; à l'E. le massif du Marboré, le Mont-Perdu, la Munia, etc. ; au N.-O. la chaîne dentelée de l'Ardiden, le Pic-Long, le Néouvielle, le Pic du Midi de Bigorre, etc., attirent surtout le regard.

Le guide Cantouz, de Gèdre, est arrivé, le premier, au sommet du Vignemale, le 8 octobre 1834, avec son beau-frère Bernard Guilhembert. Après plusieurs jours d'exploration, ils tentaient l'ascension par le grand glacier d'Ossoue, lorsqu'ils tombèrent tous deux dans une crevasse où, le corps tout meurtri, ils restèrent quelque temps privés de sentiment :

« Je fus le premier debout, dit Cantouz, et j'aidai « Bernard à se remettre sur ses jambes. J'étais bien « éclopé de ma chute, mais j'avais bon courage... « Nous traînant sur les mains et sur les jenoux, « nous suivîmes la longueur de la crevasse, passant « d'une cavité à l'autre dans l'eau ou la neige fondue, « cherchant si nous ne trouverions pas un resserre- « ment assez étroit pour qu'il pût nous permettre de « regagner la surface du glacier en nous faisant un « appui des deux parois. Après avoir longtemps erré « dans ce labyrinthe, nous découvrîmes une espèce « de cheminée dans laquelle nous nous élevâmes « tout doucement en creusant à droite et à gauche « des degrés avec nos crampons... Lorsque nous « eûmes le bonheur de revenir sur le glacier, le « soleil était déjà descendu du côté de Saragosse. « Nous avions débouché sur une grande plaine de « neige flanquée de quatre pics d'inégale grandeur « qui me parurent aussitôt être les sommets du Vi- « gnemale... et en une heure nous atteignîmes le « sommet le plus élevé... » Ils furent obligés de coucher sur la montagne, et le lendemain ils réussirent à descendre en Espagne par le Cerbillona.

Le 11 août 1838, le prince de la Moskowa, fils aîné du maréchal Ney, accompagné de son frère, M. Egard Ney, avec Cantouz et plusieurs guides et chasseurs de Luz, Gèdre et Gavarnie, parvinrent au sommet par le plan d'Aube et le Cerbillona. Un récit de cette ascension, auquel nous avons emprunté la narration de Candouz, a été publié par M. de la Moskowa dans la revue des *Deux Mondes*.

Le chemin du plan d'Aube, surtout en partant de Cauterets, est plus long et plus difficile que celui du col des Oulettes. La course du Vignemale ne peut être faite en une seule journée qu'en partant de Gavarnie et en y revenant, aller et retour, 10 h. par le Montferrat, 12 h. par le petit Vignemale.

M. le comte Henry Russell-Killough, avec les guides Hippolyte et Henry Passet, de Gavarnie, a fait l'ascension du Vignemale le 19 février 1867 (la première grande ascension effectuée en Europe pendant l'hiver; depuis, elles sont devenues assez fréquentes).

XIII. Vallée de Lutour, lacs et Col d'Estom-Soubiran.

Lac d'Estom, guide, 8 fr.; cheval, 6 fr.; âne, 5 fr. — A pied, 3 h. à la montée. — Lacs d'Estom-Soubiran, guide, 12 fr. — Hourquette d'Arraillé et retour par le lac de Gaube, guide, 15 fr. — Col d'Estom-Soubiran, guide, 12 fr. — Montée, 6 h. 30, descente, 4 h.

En sortant de Cauterets, on prend la route de la Raillère. En amont de la Raillère, le Gave du Marcadaou, venant du S.-O. et le Gave de Lutour descendant du S. se réunissent et forment le Gave de Cauterets. Après avoir franchi le Gave du Marcadaou sur le pont de Benquès (ancien nom du village de Saint-Savin), 1049 m., on suit à gauche un chemin qui contourne le pic de Hourmigas, et laissant à l'E. les établissements thermaux du Petit-Saint-Sauveur, du Pré et du Bois, on remonte la rive droite du Gave de Lutour. Au delà d'une scierie, un pont de bois conduit sur la rive gauche près de la belle cascade de Pisse-Arros. Un sentier raide et pierreux gravit le ressaut de la vallée (1 h.).

On atteint la première terrasse et on marche à travers de beaux pâturages à pentes presque nulles. Les deux versants sont encore très boisés quoique l'on ait beaucoup exploité les forêts : à droite sur les escarpements de Hourmigas et de la Badette de Labassa ; à gauche les murailles du massif d'Ardiden ; au S. les pics de Culaous, 2872 m., Prebignaou, 2961 m., Pouymourou, 2852 m. et d'Estom-Soubiran, 2930 m. Le chemin, assez mal entretenu, est difficile pour les chevaux (2 h.).

On laisse à gauche le torrent de Lanusse dont la gorge boisée monte au col de Culaous ; après avoir franchi ce torrent on atteint (2 h. 30) un escarpement du haut duquel le Gave de Lutour se précipite en trois belles cascades, entourées de sapins ; quand on a escaladé le rocher qui sert de digue au *Lac d'Estom* (3 h.) on voit tout à coup le lac à ses pieds, 1782 m. ; quoiqu'il soit un peu moins élevé que le lac de Gaube, il ne nourrit pas de truites. Les pâturages supérieurs sont loués chaque année aux Espagnols de la vallée de Broto qui y conduisent leurs troupeaux par le port de Plalaube et le col d'Estom-Soubiran. M. le comte de Bouillé signale cette région comme très riche en lépidoptères, vers le milieu de juillet. (Les chevaux ne peuvent pas dépasser le lac d'Estom).

On contourne la rive occidentale du lac en passant au-dessus de torrents souterrains que l'on entend mugir sous ses pieds, ce qui d'ailleurs est fréquent dans tous les bassins lacustres granitiques des Pyrénées. Au delà du lac d'Estom, on laisse à droite le ravin de l'Arraillé qui, par le col de l'Arraillé, conduirait en 1 h. 30 aux Oulettes du Vignemale.

Au S. de ce ravin (3 h. 45) on voit se dresser devant soi un escarpement dominé par la belle pyramide de Labassa ou de la Sède, couronnée de neige perpétuelle, si ce n'est de véritable glacier. Cet escarpement, le *Tuc dous mounges*, s'élève comme une muraille verticale, le torrent descend par une fissure de la paroi et tombe en cascade. On gravit les éboulements de la rive gauche jusqu'au pied de la chute d'eau, puis on passe sur la rive droite. On pourrait escalader la muraille sur la rive gauche le long de la cascade et presque dans le lit du torrent, mais cette voie est dangereuse, il vaut mieux chercher sur la rive droite deux grosses pierres qui indiquent l'entrée d'un petit sentier de chèvres (par lequel les Espagnols trouvent moyen de faire passer leurs troupeaux) et grimper de roche en roche.

On arrive sur le plateau supérieur d'*Estom-Soubiran* et près du premier lac de ce nom, 2326 m. (4 h. 30), on le dépasse et on atteint bientôt le lac d'Estibaoute, 2360 m.; ce lac, très sauvage et très beau, a une superficie de 10 hectares 93 ares. La neige séjourne sur ses bords jusqu'à la fin de juillet. Une montée assez facile sur la neige et les pierres (5 h. 30) conduit au troisième lac, 2460 m., hanté par les fées; d'ici, une heure de marche mènerait au col de la Malle-Rouge et de là par le col de Houle à Gèdre ou à Gavarnie. On dépasse un quatrième lac, le *Lac-Glacé*, et montant au S.-S.-O. par des pentes très rapides on arrive (6 h. 30) au col d'Estom-Soubiran. Vue grandiose du Vignemale et du grand glacier d'Ossoue; au N.-O la cime du Balaïtous; à vos pieds le val d'Ossoue qui semble un gouffre; pourtant il est facile de descendre en 30 minutes au pont de neige d'Ossoue d'où 3 h. à Gavarnie, soit 10 h. de Cauterets. Course très intéressante et très recommandée.

La descente à Cauterets par la même voie qu'à la montée demande 4 h. Durée de la course, 10 h. 30, sans arrêts.

XIV. Cauterets à Saint-Sauveur et à Luz par le col de Riou ou Rigeoü.

A pied, 3 h. 30, à cheval, 2 h. 30. — Guide, jusqu'au col, 5 fr., jusqu'à Pène-Nère, 6 fr., jusqu'à Luz, 8 fr. — Cheval, jusqu'au col, 5 fr., Pène-Nère, 6 fr., Luz, 8 fr. — Luz, sans guide, cheval, 10 fr.

Cauterets à la grange de la Reine Hortense (30 minutes). Après avoir traversé la lisière d'une belle forêt de sapins, on s'élève sur des pentes couvertes de pâturages et l'on atteint le plateau de Lisey, occupé pendant l'été par des bergers et des troupeaux de la plaine. On trouve des perdrix grises sur ce plateau.

Col de Riou ou de Rigcoï, 1913 m. (1 h. 45). Une cantine très propre et à prix modérés y a été construite. Belle vue sur le bassin de Cauterets, sur Péguère, etc., sur le charmant bassin de Luz dominé par le pic de Nère et de Bergons.

En montant à gauche de la cantine pendant 30 minutes, on atteindrait, sur la crête de *Pène-Nère*, un petit mamelon qui incline sur la vallée de Cauterets et d'où la vue est très étendue : le Monné, le Cabaliros, au N. la flèche du pic de Viscos et une échappée sur la plaine de Lourdes; au S. l'Ardiden, etc.

Du col de Riou on descend rapidement à l'E. à travers de grands pâturages. La route de cheval est excellente.

Granges de Cureilles, 1269 m. (2 h. 30). Le chemin tourne au S.-S.-E.; la vue est charmante sur le bassin de Luz, le château Sainte-Marie, la vallée du Bastan.

On passe à Grust, à Sazos et laissant à droite la route qui conduit aux bains de Saint-Sauveur, on traverse le Gave de Pau, et une allée de peupliers conduit à Luz (3 h. 30).

XV. Pic de Viscos, 2141 m.

A pied, 3 h. 15 à la montée. — Guide, 10 fr., cheval, 10 fr. — Descente, 2 h.; 5 h. 15 aller et retour, à pied.

Cauterets à la cantine du col de Riou (1 h. 45) (v. route 14). On monte à gauche au plateau de Pène-Nère (2 h. 15) et continuant au N. sur le versant E. de la montagne (le versant O. est plus difficile), on dépasse le soum de Conques (belle vue) et on atteint la base du pic (2 h. 30). Les pentes qui, de loin paraissent presque verticales, sont en réalité très faciles; on grimpe au N.-O. à travers des broussailles et des touffes de raisin d'ours (*arbutus uva ursi*).

Pic de Viscos, 2141 m. (3 h 45). La vue est extrêmement belle au N. sur le bassin d'Argelès et les montagnes qui l'entourent, sur Lourdes et la plaine; à vos pieds s'ouvrent à l'O. la vallée de Cauterets, à l'E. la vallée du Gave de Pau, le bassin verdoyant et lumineux de Luz et la vallée du Baston, etc.; parmi les pics, le Balaïtous, le Vignemale, le Pic-Long, l'Ardiden qui masque la vue du Marboré, le Pic de Nère, et le Bergons, le Monné et le Cabaliros, attirent surtout l'attention du spectateur.

On peut descendre à Luz par les granges de Cureilles, ou à Cauterets par le col de Riou en 2 h.

XVI. Pic d'Ardiden, 2988 m.

A pied, 4 h. 30 à la montée, 3 h. à la descente.— Guide,

10 fr. On peut monter à cheval jusqu'à la cabane de Peyraoule.

Cauterets à la grange de la Reine Hortense (30 minutes). On suit la route du col de Rion jusqu'à ce que l'on ait atteint une bergerie et on monte à droite au S.-O. (1 h. 30) vers la crête de la montagne : vue de la Raillère, du val de Gerret, de Cauterets, du Monné, etc.: on prend alors une direction S.-E. et on suit la crête d'Aulian, puis celle des Agudes qui dominent toutes deux la belle vallée de Lutour *sempervivum montanum, geranium cinereum, gentiana nivalis*.

Cabane de Peyraoule, à l'origine du vallon du Lisey (2 h.); belle vue à l'O. On franchit la crête et un petit col qui s'ouvre à droite, et on descend un peu dans une sorte d'entonnoir en partie comblé par des blocs de granit. On traverse un second col et on se dirige au S. vers le *col d'Ardiden*, étroite brèche gardée par des obélisques de granit d'un effet étrange.

On pénètre dans un amphithéâtre où sont trois petits lacs (2 h. 30) et on monte à travers un chaos d'énormes blocs de granit, vers le plus grand de ces lacs.

Lac Grand ou d'Ardiden, 2379 m. (3 h.) Au S. se dresse la cime du pic. La nappe d'eau du lac, encadrée d'obélisques et de monstrueux blocs de granit, est d'une merveilleuse transparence. Lorsque, par un beau temps, on est assis au S. du lac, on ne voit plus que le miroir de la nappe d'eau réflétant les neiges du pic, et au fond les aiguilles de granit se détachant vivement sur le bleu du ciel, avec des formes bizarres ; on se croirait hors du monde connu et la photographie de cet endroit sauvage pourrait seule en donner une idée exacte. D'ailleurs, tout le massif d'Ardiden abonde en sujets de ce genre, et ces montagnes en ruines ne pourraient êtres rendues avec vraisemblance que par le fait matériel de la photographie, on n'admettrait pas la vérité à un dessin.

Au delà du lac on s'élève au S. d'abord sur des éboulis, puis sur une grande pente de neige que l'on traverse de l'E. à l'O. pour attaquer le pic par son versant N. L'escalade est assez pénible, les rochers s'écroulent souvent sous le pied et vous entraînent ; on atteint ainsi la base de la pyramide aiguë de l'Ardiden ; ce n'est pas une masse compacte de rocher, mais un amas de grandes tables de granit tombées les unes sur les autres, comme un château de cartes en partie écroulé. Les lames de granit tremblent sous le pied, elles sont d'ailleurs solidement entassées les unes sur les autres et avec beaucoup d'attention, afin d'éviter de mettre la jambe dans le vide; il n'y a aucun danger.

Pic d'Ardiden, 2988 m. (4 h. 30). La cime très aiguë est couronnée d'une tour massive en pierres sèches.

C'est un admirable observatoire, digne d'être plus

souvent visité. La vue est de toute beauté sur le Vignemale, le Balaïtous, le massif calcaire du Marboré, le massif granitique du Néouvielle ; au N. sur la plaine. Devant soi, à l'E., on voit se dérouler comme sur une carte, toute la vallée et les montagnes du Bastan. Mais, ce qui attire et retient le plus l'attention, c'est l'étrangeté de forme des pics en ruines dont on est entouré : Candemilh, Barbe-de-Bouc, etc. A l'O. s'ouvre la profonde coupure de la vallée de Lutour et tous les pics de Cauterets, d'Azun, etc.

On peut en 3 h. descendre à Cauterets par les Agudes et la vallée de Lutour ou par la même voie qu'à la montée. On pourrait aussi se rendre en 4 h. à Luz par le lac Grand, les lacs Cantet et Laquès (*eriophorum capitatum*, aux jolis panaches de soie), le col d'Astrets, le ruisseau de Bernazaou et Sazos ; on verrait ainsi les deux versants de la montagne. La descente en aval du pont de Sia par le lac Badet, la rive gauche du torrent de Badet et le ruisseau de Lassariou est longue et dangereuse et ne doit être tentée que par un très beau temps, avec un excellent guide et seulement si l'on a encore devant soi de longues heures de jour à dépenser, sinon ce serait un casse-col.

XVII. Cauterets à Gèdre par le col de Culaous.

A pied, 9 h. — Guide, 10 fr. par jour.

Cauterets par le val de Lutour au ravin de

Lanusse (2 h.) (V. route 13.) Tournant à gauche dans ce ravin, on commence à l'E., sous les sapins, une rude escalade qui conduit dans une gorge dénudée, remplie d'énormes blocs de rocher. A gauche se dresse le pic de Barbe-de-Boue, à droite celui de Culaous. Après avoir dépassé deux cabanes et un peu plus loin à gauche une excellente petite source (3 h.), on se dirige à l'E. vers le large col de Culaous; il faut une heure de montée pour l'atteindre.

Col de Culaous, 2600 m. environ (4 h.) Vue du Néouvielle, du pic Long, du pic de la Munia, etc.; Cestrède au S. cache le cirque et les montagnes de Gavarnie. Au N. du col se dresse la flèche de Barbe-de-Boue, 2948 m., accessible d'ici en une heure par un ravin rocailleux qui monte jusqu'à la cime; à droite au S. une escalade de 45 minutes conduirait au pic de Culaous, 2817 m. (4 h. 45). Une descente de 30 m. sur les plaques de neige conduit au lac Noir, 2332 m., au delà duquel est un chaos de granit. Les pentes s'adoucissent.

Lac Anarouye, 2076 m. (5 h.) D'une transparence merveilleuse, ainsi d'ailleurs que presque tous les lacs du massif granitique d'Ardiden. Au S. du lac, du haut d'un monticule gazonné, on aperçoit les sommets de Gavarnie; à droite s'ouvre le triste vallon de Cestrède. Vue admirable de la Munia et des crêtes du cirque de Trumouse. On descend sur la rive gauche du torrent d'Anarouye qui se jette dans le Gave de Cestrède.

Cabane (6 h.) La descente est longue et monotone, mais facile par le beau temps.

On arrive enfin dans la vallée du Gave de Pau (8 h. 30) et tournant à droite on atteint bientôt un pont qui permet de prendre la grande route de Luz à Gavarnie, à 1500 m. en aval de Gèdre.

Gèdre, 995 m. (9 h.) — *Hôtels : Palasset, des Voyageurs*. Vue de la brèche de Roland et de la terrasse supérieure du cirque (près de la douane).

XVIII. Cauterets à Gavarnie par le val d'Ossoue.

A pied, 8 h. 30. — Guide nécessaire, 10 fr. par jour.

On peut en deux jours faire une excursion très intéressante en se rendant le premier jour de Cauterets à Gavarnie par le lac de Gaube et le val d'Ossoue et en rentrant le lendemain à Cauterets par le val d'Aspé, le col de la Malle-Rouge, les lacs d'Estom-Soubiran et le val de Lutour.

De Cauterets on peut se rendre à cheval au lac de Gaube.

Du lac à la *Hourquette d'Ossoue*, 2738 m. (5 h.) (V. route 12). On descend à l'E. sur de grandes pentes de neige disposées en terrasses et peu inclinées en laissant à droite le grand glacier d'Ossoue. Si le torrent est couvert d'un pont de neige, on descend jusqu'au fond de la gorge, sinon on tourne au S. sur des croupes gazonnées et l'on descend vers le Gave d'Ossoue, près de la moraine terminale du glacier.

La vallée est très étroite : jusqu'à la fin de l'été, le

Gave coule sous un pont de neige qui, souvent, persiste toute l'année et qui facilite beaucoup la marche ; la pente est presque nulle. Au printemps, cette gorge est très exposée aux avalanches.

On dépasse les dernières neiges, 2075 m. et on suit de niveau un sentier qui longe la rive droite du Gave d'Ossoue (5 h. 30). Sur la rive gauche se trouve, sur une terrasse herbeuse, la petite cabane des Oulettes d'Ossoue occupée par des bergers Espagnols. *Il faut absolument suivre la rive droite*, la rive gauche qui semble plus facile aboutit à un escarpement terreux sans consistance et infranchissable. Le sentier de la rive droite côtoie d'abord des pentes gazonnées, puis tournant droit à l'E.-S.-E., il descend en escalier une paroi presque verticale de schistes rouges. A gauche se trouve la belle cascade des Oulettes. Par le beau temps et avec un bon guide, le *Pas-des-Oulettes* est sans danger, mais si l'on était pris ici par le brouillard ou par la nuit sans avoir avec soi un excellent guide, il faudrait ou coucher dans la montagne sous un bloc de rocher ou aller demander l'hospitalité aux bergers aragonais de la cabane de la rive gauche.

Bassin des Oulettes, 1860 m., on arrive au niveau du Gave (6 h.) Le sentier reste sur la rive droite et traverse un pâtis pierreux ; à droite et à gauche se dressent de hautes murailles.

Plan de Millas, 1740 m. (6 h. 30). On laisse à droite la plaine de Lourdes et le val de Lécadé qui conduiraient au port de Plalaube et au versant méridional du massif du Vignemale; à gauche, de l'autre côté du Gave, s'ouvre, sur la crête, le col d'Aquiou conduisant soit dans la vallée du Gave de Pau par le val d'Aspé, soit à Cauterets par le col de la Malle-Rouge et le val de Lutour. Fleurs nombreuses, *Orchis albida, anemone narcissiflora, A. alpina veronica mummularia, lotus alpinus, primula intricata, pedicularis pyrenaïcus, arabis alpina, horminuim pyrenaïcum, hyacinthus amethistinus, etc.*

Cabanes françaises de Saussé, 1670 m. D'ici on a une vue admirable du Vignemale. Au lever et au coucher du soleil, lorsque le glacier se teinte en rose pourpre, c'est un spectacle grandiose. A gauche, en regardant le Vignemale, on voit la singulière cascade de Tapou qui se précipite de l'ouverture béante d'une caverne creusée dans les contreforts du Montferrat.

On continue de longer la rive droite, le sentier de la rive gauche qui contourne les flancs de marbre du *Soum de Secugnac* est dangereux. A partir des cabanes de Saussé, le chemin de la rive droite est praticable à cheval (7 h.30). On entre dans le charmant bois de hêtres et de noisetiers de Saint-Savin et, descendant à travers bois par de rapides mais faciles lacets, on atteint le Gave d'Ossoue; un pont de bois, 1458 m. conduit sur la rive gauche, d'où une descente facile de 20 minutes, pendant laquelle on a une très belle vue du cirque de Gavarnie, amène à Gavarnie, 1350 m. devant l'*hôtel des Voyageurs* (8 h. 30). (Cirque de Gavarnie, Piméné, Mont-Perdu, pic du Marboré, Taillon, etc. Excellents guides : Hippolyte Passet, Henry et Célestin Passet, Lacoste dit Palasset, Pierre, le garde forestier, etc).

XIX. Gavarnie à Cauterets par le col de la Malle-Rouge.

A pied, 9 h. 15. — Guide, 10 fr. par jour.

En quittant Gavarnie on passe devant l'*Hôtel des Voyageurs* et après avoir traversé le Gave d'Ossoue, on s'élève sur les hauteurs de Bareilles, d'où l'on a une admirable vue du cirque de Gavarnie. On se dirige au N.-N.-O. et on dépasse le hameau de Saugué; le sentier monte sur des pâturages jusqu'aux granges de Saugué, 1652 m., puis on descend O.-N.-O. dans le val d'Aspé (1 h. 15). On atteint le Gave d'Aspé, 1584 m., et on remonte la rive droite du torrent; laissant à droite la fontaine de Troumaguère, on traverse un chaos considérable près duquel sont des cabanes sur les deux rives.

Cabane de Salent, 1985 m., où aboutit le sentier du col d'Aquiou qui conduit aux Oulettes d'Ossoue (2 h. 45). Au N. s'ouvre le col de la Houle que l'on doit franchir. Une longue montée escarpée, mais sans difficulté sur des pâturages et des éboulis, conduit au *Col de la Houle*, 2700 m. (4 h.) entre le pic de la Malle-Rouge, 2969 m. à l'O. et le Soum de Malle, 2793 m. à l'E. Belle vue au S. et au S.-E. sur Gavarnie et le massif du Marboré; au N. sur les pics désolés de Cestrède, Culaous, Barbe-de-Bouc; à l'E.-S.-E. sur le val d'Aspé, le Couméli, le Piméné, etc.

On descend d'abord au N. sur des éboulis schisteux, puis on remonte par une assez rude escalade vers une petite brèche étroite et difficile.

Col ou brèche de la Malle-Rouge, 2700 m. (5 h.) entre le pic du même nom au N. et celui de *Hount-Hérède*, 2854 m. au S. Vue grandiose du Vignemale à l'O. La descente à l'O. puis au N.-O. sur des plaques de neige vers les lacs d'Estom-Soubiran est très facile; on rencontre plusieurs petits lacs à moitié glacés.

Lac glacé d'Estom-Soubiran, 2460 m. (5 h. 45). On le laisse sur la gauche, ainsi que le second lac et on atteint la muraille du *Tuc dous Mounges* qui demande beaucoup d'attention à la descente, rive droite du torrent (9 h. 15). Du lac glacé d'Estom-Soubiran à Cauterets par le val de Lutour, il faut 3 h. 30.

XX. Cauterets au Balaïtous, 3146 m.

Course difficile et dangereuse ; deux jours. — Deux guides sont nécessaires — 15 fr. par jour et par guide. — Sarrettes, Clément Latour et Jean Layré dit Casson à Cauterets. — Basile Gaspard, Salletes, Lacoste et Trolaun à Arrens. — Henry Passet et

Célestin Passet à Gavarnie et J. Orteig aux Eaux-Bonnes étaient, en 1875, les seuls guides qui connaissaient le Balaïtous.

Le Balaïtous, 3146 m. est, à l'O., la dernière cime des Pyrénées françaises dépassant 3000 m. Il se trouve entre le bassin supérieur du Gave de Pau (par le Gave d'Azun) et le bassin d'un de ses principaux affluents, le Gave d'Ossau. La première ascension, dont le souvenir était presque effacé dans le pays, fut accomplie par les officiers de l'état-major français qui campèrent pendant plusieurs jours au sommet du Pic. M. Ch. Packe, dont les travaux sur les Pyrénées sont bien connus, passa sept jours à explorer la montagne avec le vieux Gaspard, d'Arrens, avant de retrouver le chemin à suivre ; enfin, le 13 septembre 1864, il atteignit le sommet en passant par la haute vallée d'Azun, le lac Suyen, la gorge de l'Arribit (où il coucha) et la passe de la Baran . Dix jours après, le comte Henry Russell-Killough faisait l'ascension par la même voie et descendait à Sallent par la vallée de l'Ariel.

En 1865, Orteig, le guide des Eaux-Bonnes, parvint le premier à la cime par l'E., et en 1870, M. H. Russell, avec Basile Gaspard et Salletes, d'Arrens, franchissait le glacier de *Las Néous* et atteignait aussi par l'E. le sommet du pic. En 1873 et en 1874, M. E. Wallon, la première fois avec Clément Latour, la deuxième fois avec Latour et Jean Layré, dit Cassou, gendre de l'excellent guide Sarrettes, est parvenu au sommet par le versant espagnol et le vallon de Piedrafitta. C'est en partant de Cauterets la voie la plus courte, et aussi celle par laquelle on est le moins longtemps en danger. La voie la plus périlleuse est celle du glacier de *Las Néous*.

A. CAUTERETS AU BALAÏTOUS PAR LE COL DE LA FACHE ET PIEDRAFITTA.

1er jour, 7 h. 30 ; 2me, 11 h. 15. — Total, 19 h. environ.

1er JOUR : DE CAUTERETS A LA CABANE DE DARRÉ-SPUMOUS, 7 h. 30.

Cauterets au col de la Fache (5 h. 30). (V. route 9). Du col, on descend rapidement en Espagne O.-S.-O. sur des éboulis et sur la neige vers l'origine du ruisseau de Piedrafitta que l'on traverse sur un pont de neige, laissant à droite un assez grand lac ; après l'avoir dépassé, on s'élève graduellement sur la rive droite du ruisseau jusqu'à environ 200 m. au-dessus de son cours. Au N. s'ouvre l'échancrure du port de pierre Saint-Martin qui fait communiquer la vallée d'Azun avec Sallent.

On traverse le ruisseau qui descend du port et se jette dans un lac en partie comblé par des débris et on se trouve sur les assises méridionales du Cristail ou Costerillou. Vue du val de Piedrafitta, du lac de Rio Contel ; au S.-O., sur la haute crête de Piedrafitta, se dressent les pyramides élégantes de Campoplano et de Lanne-Bontal, couvertes de grandes pentes de neige. Le col, ouvert entre ces deux pics, conduit dans la gorge de Maccimaña et aux bains de Panticosa.

On suit le torrent du Cristail, puis, franchissant une arête, on laisse à droite un petit lac dont le ruisseau indique la voie à suivre (rive gauche). Bientôt on voit au fond de la vallée un grand lac et on arrive sur un mamelon au N.-E. du lac à *la Cabane de Darré-Spumous* (7 h. 30). C'est là que l'on doit coucher si l'on ne préfère s'abriter pour la nuit, sous un bloc de rocher, à une 1 h. plus haut, ce qui diminuerait d'autant la durée de la marche du lendemain. De Darré-Spumous on voit toute la vallée de Piedrafitta, au S. les pics de Boussalès et de Pipous; au N. les formidables murailles de la Frondellia ou Montagne-Fermée, au S.-E. on aperçoit la cabane de Campo-Plano et droit au S. celle de Boussalès.

2e JOUR : ASCENSION DU BALAÏTOUS ET RETOUR A CAUTERETS.

1° par le glacier du Balaïtous.

Si l'on veut coucher le soir à Cauterets ou à Arrens, il est prudent de partir de la cabane vers 3 h. du matin au plus tard.

En quittant Darré-Spumous, on monte au N.-N.-O. sur la rive gauche du ruisseau du Cristail que l'on traverse bientôt pour grimper à travers des éboulements de blocs de granit et de schiste détachés des murailles de la Frondellia ou Montagne-Fermée. Il serait facile de trouver un abri dans ce chaos et l'on gagnerait du temps pour la seconde journée. On se dirige vers les escarpements presque verticaux de la Frondellia, qui ressemblent à un immense jeu d'orgues, et après avoir traversé quelques plaques de neige, on atteint un glacier qui remplit un grand amphithéâtre (2 h.). Ce glacier est très incliné, mais jusqu'au milieu de l'été il est peu crevassé et offre un chemin facile pour monter vers une brèche qui se trouve au N.-O., entre le Balaïtous et la Frondellia, à la base de la pyramide du Balaïtous. Vers le milieu d'août, la rimaye qui le sépare du rocher est quelquefois infranchissable; dans ce cas, il faut suivre le chemin que nous indiquons plus loin, d'après les renseignements de MM. E. Wallon et L. Lourde Rocheblave (3 h.). Quand on a franchi la rimaye, on atteint la *Brèche-Latour* ; il faut mettre beaucoup de prudence dans l'escalade de la muraille presque verticale du Balaïtous. Pendant une montée d'environ 40 mètres de hauteur, on a le vide à droite et à gauche, mais la roche est solide et les aspérités suffisantes pour poser le pied ; au delà de cette première montée, l'inclinaison diminue et avec de la prudence il n'y a plus aucun danger.

Cime du Balaïtous, 3146 m. (3 h. 40).

2° Par les corniches de la Frondellia.

Lorsque la rimaye est infranchissable, il faut, lorsqu'on arrive au glacier (2 h. de la cabane) passer par les corniches de la Frondellia; elles sont très étroites et en surplomb au-dessus de précipices, mais elles n'offrent aucun danger; on atteint ainsi une brèche, la brèche Casse-Latour. Dans cette étroite coupure se trouve encastré entre deux parois de rochers, un énorme bloc de granit en forme de prisme faisant pont au-dessus du glacier ; il présente un de ses angles comme moyen de passage. La difficulté est plus apparente que réelle : le bloc est solidement calé et facile à franchir. De l'autre côté de la brèche on aborde la paroi du Balaïtous ; quinze à vingt mètres seulement sont difficiles à escalader et l'on arrive ensuite facilement au sommet (3 h. 40), près de la tourelle construite par les officiers de l'état-major français ; on trouve encore épars des piquets blanchis de leur tente. M. E. Wallon a déposé dans la Tourelle, le 22 août 1873, un petit registre renfermé dans une boite en fer-blanc.

Le sommet du Balaïtous forme une plate-forme large d'environ 50 m. et courant de l'E.-S.-E. à l'O.-N.-O. sur une longueur d'environ 600 m., le point culminant est à l'O.; de tous côtés ce petit plateau est entouré d'épouvantables précipices.

La vue s'étend à l'O. jusqu'à l'Océan ; toutes les Pyrénées françaises et espagnoles se déroulent sous le regard ; au N. la plaine de France, Tarbes, Pau etc.; au S., au delà de nombreuses sierras, la plaine d'Espagne.

Parmi les pics, au S., la Quejada de Pundillos et ses

glaciers, le Tendenera, les pics de Piedrafitta, la chaîne de la Peña colorada, au S.-E. le Vignemale; à l'E.-N.-E. les massifs du Néouvielle et de la Munia ; à l'O. le pic Pallas, le pic du Midi d'Ossau attirent surtout l'attention.

M. E. Wallon pense pouvoir publier, en 1875 le panorama circulaire qu'il a dessiné du sommet du Balaïtous.

RETOUR A CAUTERETS PAR LA BRÈCHE DE CAMBALÈS.

De la cime de Darré-Spumous (3 h. 40). (V. p 108). Selon l'état du glacier, la descente se fait par l'une ou l'autre voie que nous venons d'indiquer. Arrivé à la base du glacier, on laisse sur la droite le chemin de la Cabane et appuyant à gauche, en se tenant aussi près que possible des escarpements du Cristail, on traverse le ruisseau du Cristail et passant près d'un petit lac à moitié glacé, on se dirige soit sur le col de la Fache, soit, afin de varier la route, sur le port de la pierre Saint-Martin ; c'est cette dernière voie que nous indiquerons.

On suit les terrasses qui se trouvent à gauche, sur des pâturages qui facilitent la marche ; la vue est très belle sur le vallon et sur la crête de Piedrafitta ; on arrive ainsi presque sans monter au niveau du *port de la pierre Saint-Martin*, 2295 m. (4 h. 40). Au N. descend le vallon de Casterry qui conduit aux petits lacs de Remoulis et au bassin de Labassa, dans la belle vallée d'Azun. Si l'on ne veut pas descendre à Arrens, il faut monter à droite vers le N.-E. dans un petit vallon latéral, au pied des pics Cambalès au S.-E. et Bernat-Berraou au N.-E. Un peu plus haut et droit au N. s'ouvre à la base du Bernat-Berraou, le Pourtet de la Hèche qui, par le vallon de Liautran, conduirait au lac d'Estaing dans la vallée de Labat-de-Bun. A l'O., la vue sur le Balaïtous et le glacier de *Las Neous* est sauvage et grandiose. A l'E. est la brèche de Cambalès par laquelle on doit passer. On monte très raide tantôt sur des éboulis, tantôt sur des plaques de neige et on arrive au pied d'un escarpement schisteux dont l'escalade est facile.

Brèche de Cambalès, environ 2700 m. (6 h. 45) entre le Cambalès, 2965 m. et le Bernat-Berraou, 2817 m.; vue admirable.

Cabane du Marcadaou (8 h. 30).

Cauterets (11 h.) soit 11 h. pour la seconde journée en couchant à la cabane Darré-Spumous.

B. CAUTERETS AU BALAÏTOUS PAR LE GLACIER DE LAS NÉOUS.

En partant de Cauterets avec Clément Latour ou Layré dit Casse, et en prenant avec soi à Arrens, Basile Gaspard, Sallettes, le chasseur de Doumblas, Lacoste, de Labassa, ou Trélaun, on pourrait faire une admirable course en montant au Balaïtous par la vallée d'Azun et le glacier de *Las Néous* et en revenant à Cauterets par le versant espagnol, le col de Cambalès ou le col de la Fache et la vallée du Marcadaou.

Pour faire cette course, il faut se rendre à Arrens et à Labassa, soit à pied par le col de Cancestre (route n° 4), soit à cheval par la route thermale de Cauterets aux Eaux-Bonnes jusqu'à Arrens; on peut monter à cheval jusqu'à Labassa, mais dans ce cas il faudrait revenir à Cauterets par le même chemin ou y renvoyer ses chevaux.

1er JOUR : CAUTERETS A LABASSA, A PIED, 9 h.

Cauterets à Arrens par le col de Cancestre (5 h. 30). (V. route 4). Après avoir complété ses provisions à Arrens, à l'*hôtel des Voyageurs*, et visité la charmante chapelle romane de Pocylahun, on se dirige au S. par un excellent chemin muletier tracé sur la rive gauche du Gave d'Azun. A 10 minutes de la chapelle, le Gave forme la cascade de Bourridis; en face, de l'autre côté du torrent, se trouve, dans une prairie, un énorme bloc erratique de granit, touchant par un seul point le banc de marbre sur lequel il est en équilibre. Partout la roche calcaire profondément striée et couverte de blocs de granit, sert de témoin à l'action d'un des principaux affluents de l'ancien glacier d'Argelès (6. 30). A l'O. s'ouvre le val de Labat par lequel on pourrait, en franchissant le col de Taouescilla, se rendre en 6 h. aux Eaux-Bonnes. D'ici on voit subitement le Balaïtous tout entier. La verdure si belle et si riche de la vallée d'Azun commence à diminuer peu à peu et on entre dans la solitude; plus de troupeaux, ni de granges;

des rochers, des pins rouges à droite et à gauche, des escarpements rocheux.

Plan et pont d'Asté, 1409 m. (8 h.) A droite se précipite en cascade le torrent d'Arriougrand, qui descend du beau lac Miguelou (1 h. 30 du plan d'Asté). Au S. on commence à voir le pas d'Azun, mais le véritable passage, le port de la pierre Saint-Martin, plus à l'O. est invisible.

Lac Suyen, 1539 m. (8 h. 15). Il est très poissonneux et d'une grande limpidité. Au delà du lac, on ne voit plus d'arbres ; bientôt on dépasse le petit étang de Doumblas ; la belle cascade de l'Arribit se précipite, à droite du débouché de la gorge du même nom. En partant d'Arrens, c'est par cette gorge que l'on fait l'ascension du Balaïtous par le versant O. ; on y trouve un excellent abri sous un énorme bloc de granit qui sert de cabane à des bergers aragonais. Continuant à monter au S., on atteint le plateau de pâturages, le pont et la *Cabane de Labassa,* 1800 m. (9 h.); elle est assez grande et Lacoste, son propriétaire, qui connaît bien le versant oriental du Balaïtous, est fort obligeant. Si vous n'avez pas pris avec vous Basile Gaspard à Arrens, ou Sallete, à Doumblas, prenez-le comme guide, le lendemain.

2me JOUR : ASCENSION PAR LE GLACIER DE LAS NÉOUS ET RETOUR A ARRENS OU A CAUTERETS.

Prenant, à droite de la cabane, un sentier qui s'élève sur les escarpements de la crête de Fachon, on monte au S.-O. sur le ressaut de la gorge du Balaïtous dont on suit la rive gauche du torrent à une assez grande hauteur. Laissant à gauche un petit étang et le glacier, on grimpe sur le rocher à l'O.-S.-O.

Lac glacé de Fachon (1 h. 30). Si le glacier est recouvert de neige et si l'on est muni de cordes et de haches, on peut le remonter de l'E. à l'O., mais si les crevasses sont à moitié découvertes, il faut escalader à droite d'assez mauvais rochers formant la rive gauche du glacier de *Las Néous* ou de Néouvielle. Lorsqu'on a franchi ces rochers et traversé des pentes faciles de neige, on atteint la base du petit Balaïtous (3 h. 30). On se trouve devant la muraille qui réunit le petit Balaïtous au grand pic. La difficulté du passage dépend de l'état de la rimaye qui est quelquefois infranchissable. Si l'on peut, sans imprudence, dépasser la rimaye et longer avec précaution une crête de glace très étroite, on atteint un mur vertical haut d'environ 150 m. La roche est suffisamment solide, et grâce aux aspérités, l'escalade est plus dangereuse en apparence qu'en réalité; peu à peu, le schiste succède au granit et la cheminée devient moins difficile (4 h.). On atteint enfin la tour de triangulation. Cette voie est très intéressante mais toujours dangereuse et souvent tout à fait impraticable.

RETOUR A CAUTERETS.

On peut, en 1 h. 30, descendre à la cabane de

Labassa et de là en 2 h. 30 à Arrens, mais si l'on veut revenir à Cauterets, il est plus court et moins dangereux de descendre par la brèche Latour et le versant espagnol et rentrer à Cauterets par la brèche de Cambalès, etc. (v. ci-dessus) en 7 h. 30, soit 11 h. 30 y compris l'ascension.

On pourrait également effectuer la descente à l'O. par une arête très difficile, l'une des plus redoutables des Pyrénées, et qui demande une heure à la descente comme à la montée, et se rendre, par les passes de la Barrane et le val d'Ariel, à Sallent en 6 h.; excellente auberge à Sallent, chez Enrique Bergua, ou encore à Gabas, dans la vallée d'Ossau, par les cols d'Arrémoulit et d'Arrius.

XXI. Cauterets à Gavarnie, en voiture.

Distance, 42 kilomètres de Cauterets au village de Gavarnie; calèche, 50 fr. — Service d'omnibus de Cauterets à Gavarnie, place 7 à 10 fr.; cheval, 8 fr. par jour. — De Gavarnie au seuil du cirque, 1 h. On peut se procurer des chevaux ou des ânes devant l'hôtel de Gavarnie; prix, 2 fr. et 1 fr. 50.

Cauterets à Pierrefitte (v. p. 113). On laisse à droite Soulom et sa vieille église à machicoulis et plus loin à l'E. l'ermitage de Notre-Dame de Bédouret, et traversant le pont de Villelongue, la route pénètre dans la belle gorge de Pierrefitte, célébrée par Ramond, par Georges Sand et par tant d'autres illustres voyageurs.

L'ancienne route qui suit la rive gauche du Gave

de Pau, fut construite par l'ingénieur Polard, d'après les ordres des intendants de la Bauve et d'Etigny. Les travaux commencèrent en 1735, et en 1743 une voiture put arriver à Luz et à Barèges. Cette route était étroite et dangereuse pour les voitures, surtout à l'entrée des ponts; il y en avait sept de Pierre-fitte à Luz. En 1844, l'ingénieur en chef Lefranc livra la route que l'on parcourt aujourd'hui et qui est excellente, et n'a que trois ponts sur le Gave.

On laisse à droite Viscos, à gauche le vallon de Pla qui remonte vers le pic de Leviste, puis le village de Chèze, caché par un pli de terrain. Ce village et celui de Saint-Martin furent presque entièrement détruits le 10 février 1601, par une tempête de neige; 107 personnes périrent et il ne resta des deux villages que l'église et deux maisons à Chèze et une maison à Saint-Martin; ce dernier village ne fut pas reconstruit et ses habitants s'établirent dans les communes voisines. Trois ans avant, en 1598, Saligos, que l'on voit un peu plus loin, avait été très maltraité par une avalanche, mais les habitants eurent le temps, les uns de s'enfuir et les autres de se réfugier dans l'église qui supporta le choc sans fléchir.

Grust, Sazos et Sassis se montrent à droite, Visos et Sère à gauche; Sère, qui a été réuni à la commune d'Esquièze était, en 1342, le chef-lieu d'un archiprêtré auquel était soumises 16 paroisses; son église romane est assez grande et très intéressante à visiter. Au delà d'Esquièze, dominé par les ruines pittoresques du château Ste-Marie, la route tourne pour entrer à Luz par une belle allée de peupliers et un pont jeté sur le Bastan.

Luz, avec son église fortifiée qui date des Templiers, mérite une visite spéciale, ainsi que les bains de Saint-Sauveur. La route de Gavarnie laisse à gauche la vallée du Bastan et Barèges, traverse Luz et Saint-Sauveur et après avoir franchi le pont Napoléon qui, à la clef de voûte, domine le niveau du Gave de 65 mètres, pénètre dans une gorge sauvage, l'une des plus grandioses des Pyrénées.

Près des rochers de l'Echelle on trouvera sur les rochers, à gauche, *l'antirrhinum sempervivens* et les belles touffes de la *ramondia pyrenaïca*. L'ancien chemin de cheval fut construit volontairement en 1742 par les montagnards de la vallée du Gave de Pau et à leurs frais. La route actuelle, rectifiée de 1870 à 1873, date de 1860. Les pentes trop rapides qui descendaient au pont de Sia ont été très adoucies et la route, que son peu de largeur rendait dangereuse entre ce pont et le pont Desdourroucats, a été élargie considérablement.

On dépasse le petit bassin de Pragnères dont le vallon conduirait au col de Rabiet et à Barèges, ou à la Hourquette de Cap-de-Long et par le lac d'Orédon et le val de Couplan dans la vallée d'Aure, et on monte à Gèdre, 995 m., d'où l'on commence à avoir la vue de la brèche de Roland et des terrasses supérieures du Marboré. Les voyageurs que la botanique intéresse feront bien d'aller voir M. Bordères, instituteur primaire à Gèdre, qui a été décoré pour ses travaux scientifiques et qui est d'une extrême obligeance. Ils pourront, s'ils le désirent, se procurer, chez lui, des albums de la flore des Pyrénées ou des herbiers.

En montant à Gèdre, on se rendrait soit dans le val de Campbieil, et dans la vallée d'Aure, soit dans le val de Héas et aux cirques de Trumouse et d'Estaubé.

De grands lacets contournent un escarpement de la vallée et conduisent au célèbre chaos de Gavarnie, au delà duquel on voit se développer au S. le cirque de Gavarnie : à droite sur la rive gauche du Gave de Pau se précipite la charmante cascade de Saussa ; à gauche, le piton bizarre du Pain de sucre attire le regard. Un pont de marbre, jeté sur le Gave, conduit bientôt à Gavarnie, 1350 m., devant *l'hôtel des Voyageurs*. La route carrossable n'a été continuée au delà que sur une longueur d'environ cent cinquante mètres et à la sortie du village il n'y a qu'un chemin de cheval à peine accessible aux chars.

Il faut compter deux heures pour aller jusqu'au seuil du cirque et revenir à Gavarnie, arrêts non compris, et environ 4 h. aller et retour jusqu'à la cascade, le seul moyen de se rendre compte des véritables proportions du cirque.

Si l'on ne veut pas pénétrer dans l'intérieur du cirque, il est préférable de se faire conduire à 30 minutes de Gavarnie, sur la terrasse de la montée des

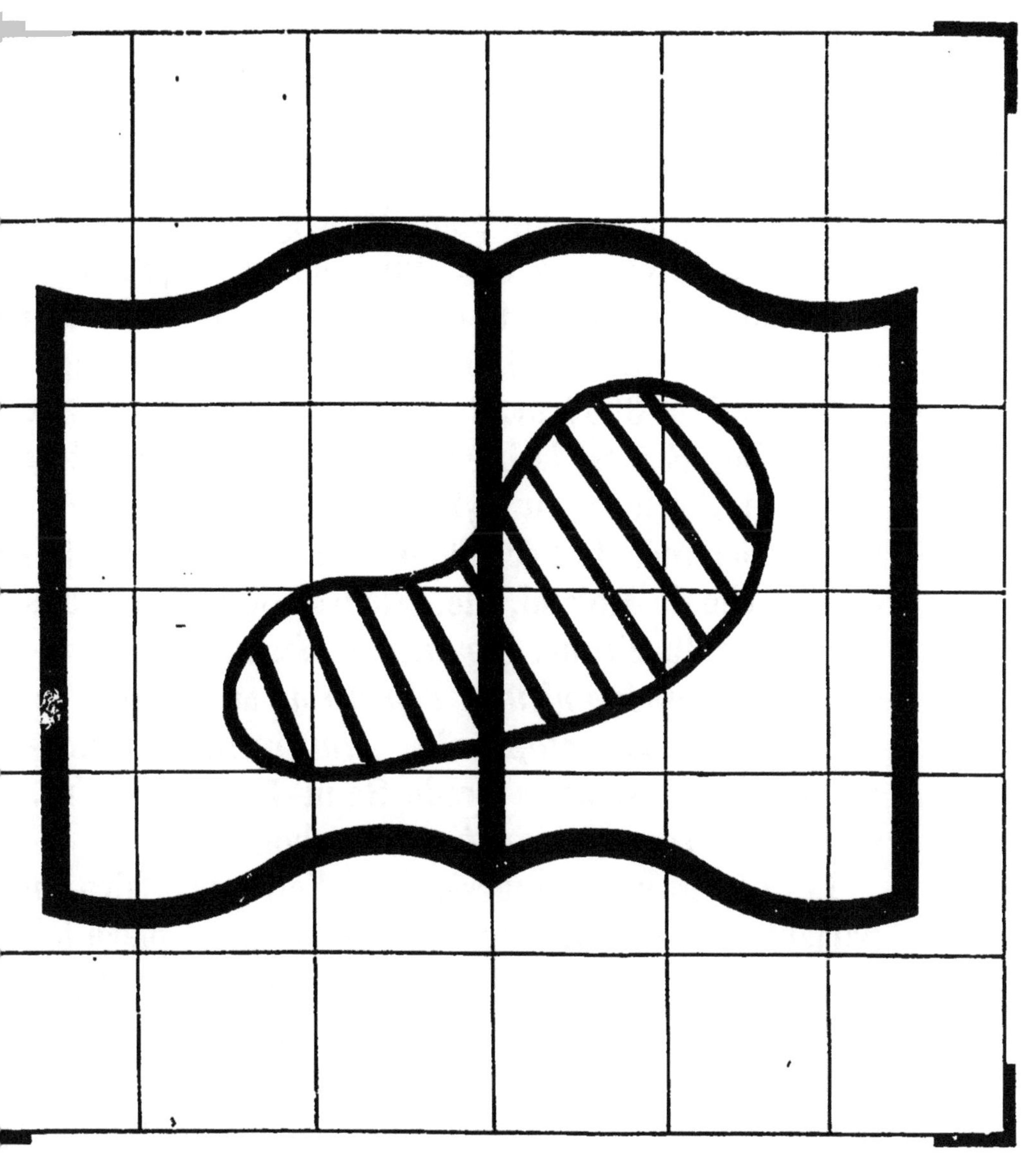

Entortes (route du port de Boucharo ou de Gavarnie). On y a une admirable vue d'ensemble du cirque.

La grande cascade tombe de 422 m. (on la voit distinctement du pic de Nère qui domine Luz, c'est-à-dire de 23 kilomètres à vol d'oiseau) elle sort du glacier, source du Gave de Pau. Le premier gradin est à 400 m. au-dessus du pont de neige et le pic du Marboré, 3253 m. à l'E. qui domine le glacier de la cascade, s'élève de 1613 m. au-dessus du niveau moyen du cirque, de 1903 m. au-dessus du village. La muraille a 3600 m. de développement à la base. A gauche, E., est la brèche d'Astazou, qui conduit au Mont-Perdu et au Cylindre ; à droite, O., l'étroite cheminée de l'échelle de Saradets qui conduit à la brèche de Roland, etc. Fleurs nombreuses dans l'intérieur du cirque, *geranium cinereum*, *viola biflora*, *leontopodium alpinum* aux fleurs de velours, *dryas octopetala*, *ramondia pyrenaïca*, etc., etc. Dans la prade Saint-Jean, *aconitus napellus*, *aconitus anthora* en abondance.

Les nombreuses excursion que l'on peut faire en partant de Gavarnie ne peuvent trouver place ici, mais comme l'on vient assez souvent de Cauterets faire l'ascension de la brèche de Roland, du Mont-Perdu ou du Pincin, nous dirons un mot de ces trois courses. Les guides de Gavarnie, Hippolyte Passet, Henry Passet, Célestin Passet, Lacoste dit Palasset, Pierre, le garde forestier, sont d'excellents guide de sommets.

Piméné, 2803 m.

En face du village de Gavarnie, sur l'autre rive du Gave : montée, 2 h. 30 ; descente, 2 h. — Course très belle et très recommandée. Vue admirable sur le massif calcaire. — Voir le panorama circulaire de M. E. Wallon.

Brèche de Roland, 2804 m.

Guide, 10 fr.

3 h. 30 à la montée, 3 h. à la descente : hache et guide nécessaires ; course célèbre que l'ont fait très souvent.

Mont-Perdu, 3351 m.

Course célèbre extrêmement belle ; guide et hache nécessaires ; 25 fr. par guide.

1° Par la brèche de Roland et la cabane de Gaulis : deux jours. Il faut coucher dans une cabane espagnole.

2° Par la brèche de Roland et les terrasses du Marboré, en contournant la crête méridionale du cirque. course très belle ; montée, 6 h. 30, descente 6 h. — 12 h. 30 — un jour.

3° Par la brèche d'Astazou, difficile ; il est utile d'avoir deux guides — course très intéressante — montée 6 h. environ ; le même temps pour descendre à Gavarnie, 6 h. — 12 h. — un jour.

4° Par la brèche d'Allanz, le cirque d'Estaubé, la brèche de Tuquerouye (vue admirable) le lac glacé du Mont-Perdu ; montée, 6 h. 30 ; descente, 6 h. — 12 h. 30 — un jour.

5° Par la brèche de Tuquerouge, ou par la brèche d'Astazon et le glacier est du Mont-Perdu ; admirable course de deux jours : il faut coucher une nuit dans la montagne ; cette course est très recommandée par le comte Henry Russell qui l'a faite le premier avec Célestin Passet, de Gavarnie.

Les principales autres grandes courses sont : le Cylindre, 3327 m., le pic du Marboré, 3253 m. (très recommandée), le Taillon, 3146 m., le Gabiétou, 3033 m., le Vignemale, 3298 m., le cirque de Trumouse et le pic de la Munia, 3150 m., etc., etc. En Espagne, le Tendenera, 3200 m., la vallée d'Arras ou d'Ordessa, la vallée de Broto, le Barranco del Funde, le cirquo et la vallée de Bielsa, le Cotieilla, 3150 m., etc., etc.

TABLE DES MATIÈRES

THERMES
DE
CAPVERN-LES-BAINS
(Hautes-Pyrénées)

OUVERTS DU 15 MAI AU 31 OCTOBRE

Station du chemin de fer de Toulouse à Bayonne

EAU SULFATÉE-CALCIQUE ET FERRUGINEUSE
Propriétés spéciales

Les eaux sulfatées, calciques et ferrugineuses de Capvern sont diurétiques, légèrement laxatives, toniques et reconstituantes. Elles sont souveraines contre les affections de l'estomac, du foie, des voies urinaires (la gravelle, le catarrhe vésical, etc.); contre l'affection hémorroïdale, le diabète, la goutte, la chlorose, l'anémie ; contre les affections de l'utérus, les dérangements menstruels, etc., etc. On les emploie principalement en boissons, mais aussi en bains et en douches.

Leur efficacité est telle qu'un célèbre médecin anglais, le docteur Farr, a très bien qualifié leurs effets d'extraordinaires et d'étonnants. Tous les praticiens qui ont exercé à Capvern ont tenu le même langage.

SOURCE SÉDATIVE CONTRE LES AFFECTIONS NERVEUSES

Capvern a la bonne fortune de posséder deux sources d'eau minérale, également abondantes, mais dont les propriétés thérapeutiques sont différentes.

L'eau de *Hount-Caoute* est excitante, tandis que celle du *Bourridé* est sédative à un degré remarquable.

La providence a réuni là ce qu'on ne trouve pas ailleurs, la *sédation* à côté de *l'excitation*, c'est-à-dire deux agents thérapeutiques, l'un correctif de l'autre, placés, selon le besoin, à la portée du médecin et du malade. Dans certaines stations, le malade est parfois obligé de suspendre l'usage des eaux minérales, par suite d'une excitation trop vive qui en serait le résultat ; à Capvern, l'excitation produite par la *Hount-Caoute* est immédiatement calmée par l'action sédative de quelques bains pris au *Bourridé*. C'est ce qui fait de Capvern une station privilégiée et unique dans les Pyrénées.

EXPORTATION

La parfaite conservation en bouteilles de l'eau de Capvern permet aux malades atteints d'affections pour lesquelles cette eau se recommande d'une manière spéciale de continuer la médication chez eux.

L'eau de Capvern se vend, rendue en gare de Capvern :

La caisse de 50 bouteilles (litres). . .	27f 50
La id. de 30 id. id. . . .	17 50

S'adresser, à Capvern, au gérant de la Société concessionnaire. On la trouve également dans tous les dépôts d'eaux minérales et dans les principales pharmacies.

Saison du 15 mai au 31 octobre.

TARBES. — IMPRIMERIE TH. TELMON
Place Maubourguet.

APPENDICE

SPÉCIALITÉS MÉDICALES

EAUX DE CAUTERETS : EXPORTATION

MAISONS RECOMMANDÉES

Ouvrages sur les Pyrénées, etc.

CAFÉ DE GLANDS DOUX

DE L'ENTREPOT CENTRAL DE FRANCE

Ce Café est très efficace dans les migraines, maux de tête et d'estomac. Il est fortifiant pour les enfants et détruit les propriétés irritantes du café des îles, auquel on peut utilement le mêler. Il calme les irritations et donne de l'embonpoint — Afin d'éviter les contrefaçons qui sont nombreuses, comme pour tout ce qui réussit, il faut exiger la marque de fabrique ci-contre à l'un des bouts du paquet et à l'autre la signature :

LECOQ ET BARGOIN.

DÉPOT CHEZ LES PRINC. ÉPICIERS, CONFISEURS ET Mds DE COMESTIBLES

VIN OU SIROP DE CHENNEVIÈRE

AU CHLORHYDRO-PHOSPHATE DE CHAUX (Goût extrêmement agréable). -- Arrête la marche de la phthisie et les crachements de sang. — Efficacité prompte dans tous les cas d'épuisement, anémie, rachitisme, dans les convalescences. — Paris, Gde Av. Wagram. — Pau, Phie Cazaux.

L'excellent conservateur de l'épiderme.
Santé, Beauté réelle ??

GLYCÉROLINE **LECHELLE.** SOINS de la PEAU, PURETÉ, CLARTÉ du TEINT. Détruit feux, boutons, démangeaisons, etc. -- Paris, 12, rue Petites-Écuries, et partout chez Ms les Pharmaciens, Parfumeurs, etc.

SUD

CARTE GUIDE
des environs
DE CAUTERETS (Hautes-Pyrénées)
G. CAZAUX, Libraire-Editeur
PAU CAUTERETS
LEGENDE
Les chiffres placés à coté des lacs, villes, villages etc indiquent la hauteur au dessus du niveau de la mer
Les chiffres accompagnés de la lettre h. à coté des lacs indiquent leurs superficies en hectares
Chefs-lieux d'arrond.t
id. de canton
Village
Grange Gr.
Cabane Cab
Chapelle, Hospice
Eaux minérales
Fontaine Font
Sommets
Chemin de fer
R.tes N.les ou Dep.les
Chemin de G.de Com.tion et route thermale
Sentiers pour mulets ou piétons
Limite frontière
Limite de Dep.t
Echelle métrique 1/120000
Kilomètres
Vallée d'Arrasses
Vallée de Pouey Espée
Vallée d'Ossoue
Ordesa R.
Mont Perdu
Plateau
Pic des Cargadès
A
R
A
G
Plat d'Aube
Port de Plat d'Aube
Hourquette espagnole
Port vieux
Bois de St Savin
Gavarnie
Bareilles
Sangué
Pic de Sécugnac
Pic Sanguè
Ara R.
Pic de Fernas
Pic Ordissot
Ruine de Panticosa
Panticosa Village
Col et lacs de Brassetaut
Agua limpia R.
Vallée de Niulo

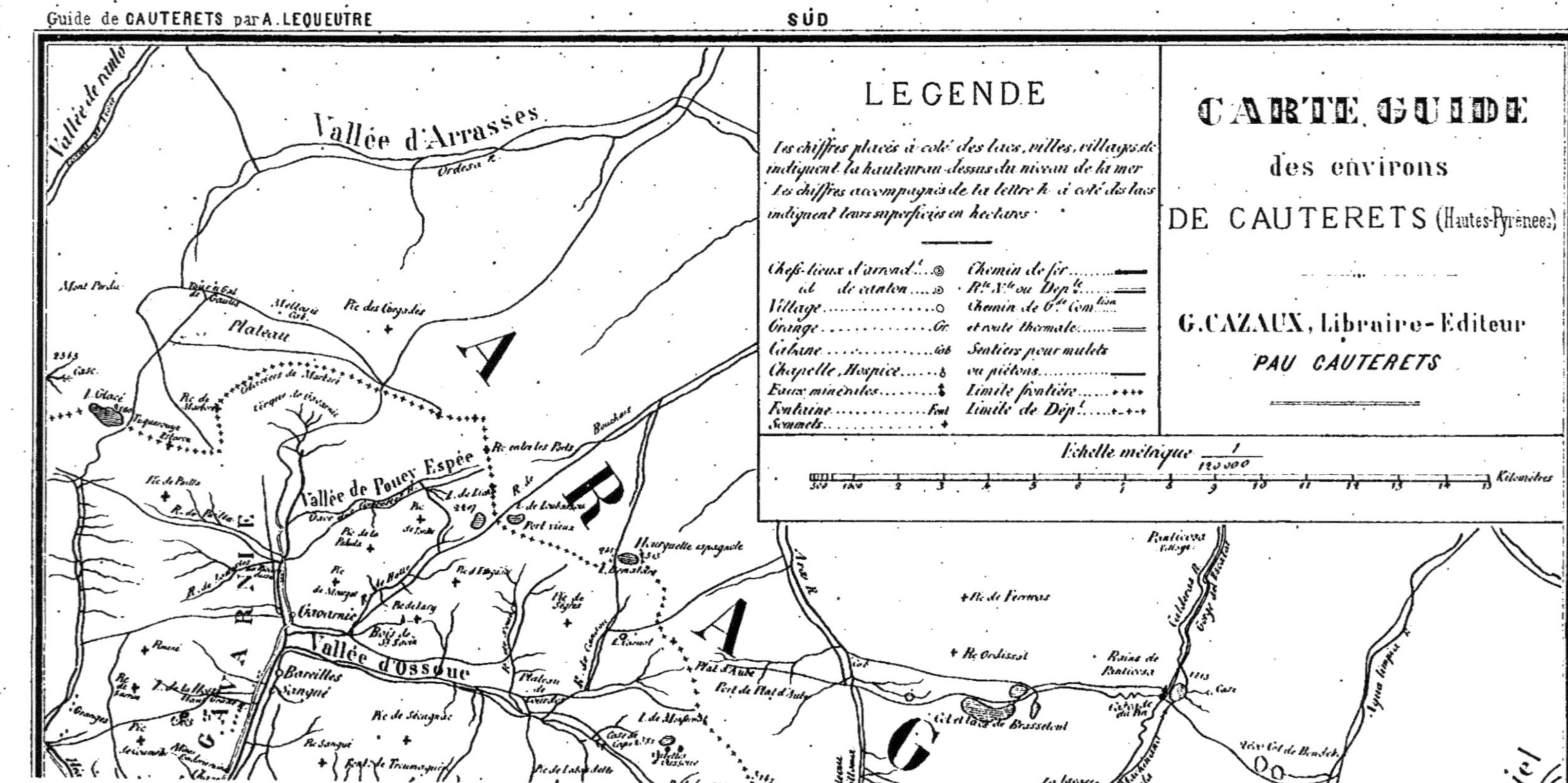

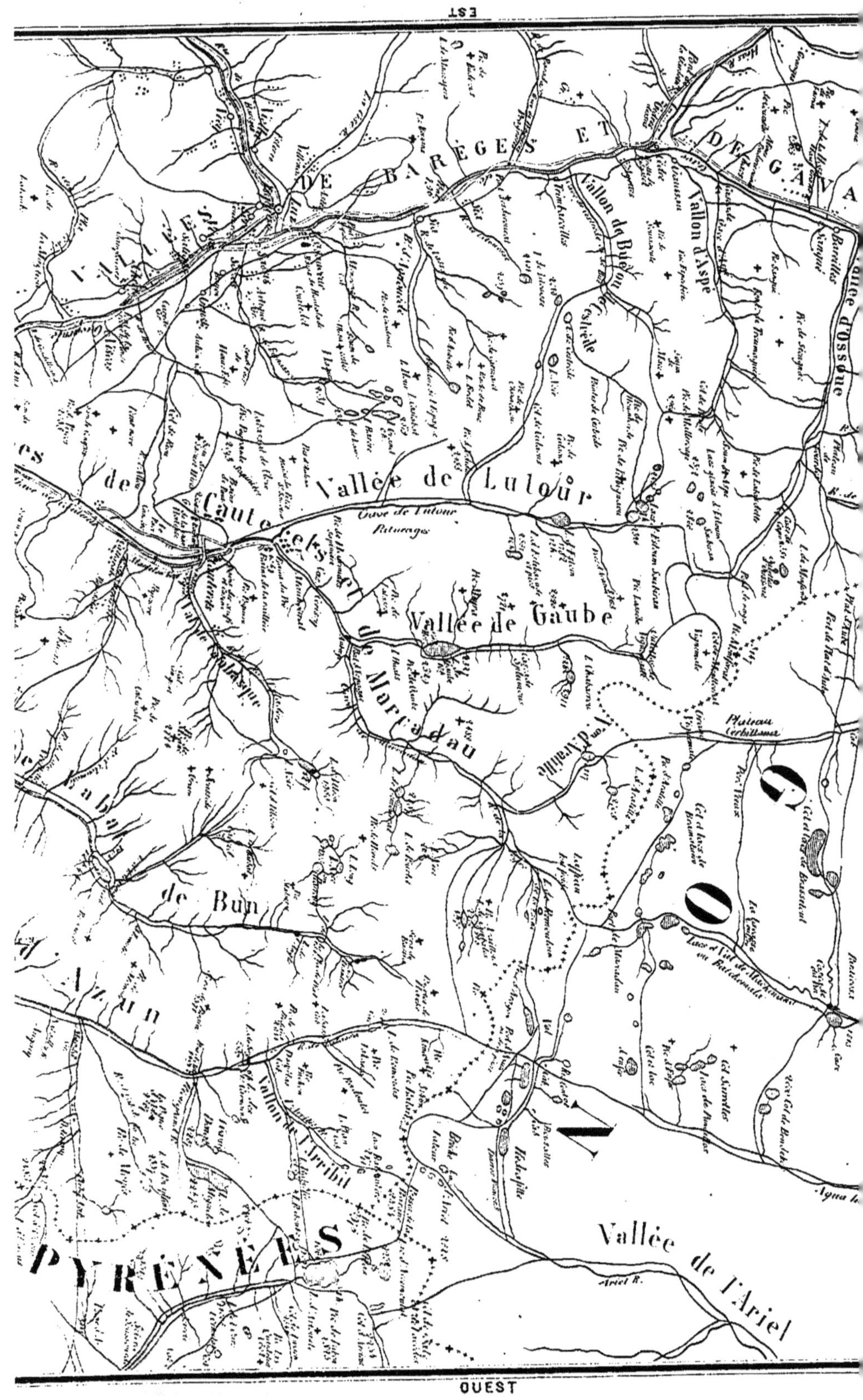
EST
VALLÉES DE BARÈGES ET DE GAVA
Vallon de Buéou
Vallon d'Aspe
Luz
Vallée de Lutour
Cauterets
Vallée de Gaube
de Marcadau
de Bun
GO N
PYRÉNÉES
Vallée de l'Ariel
OUEST

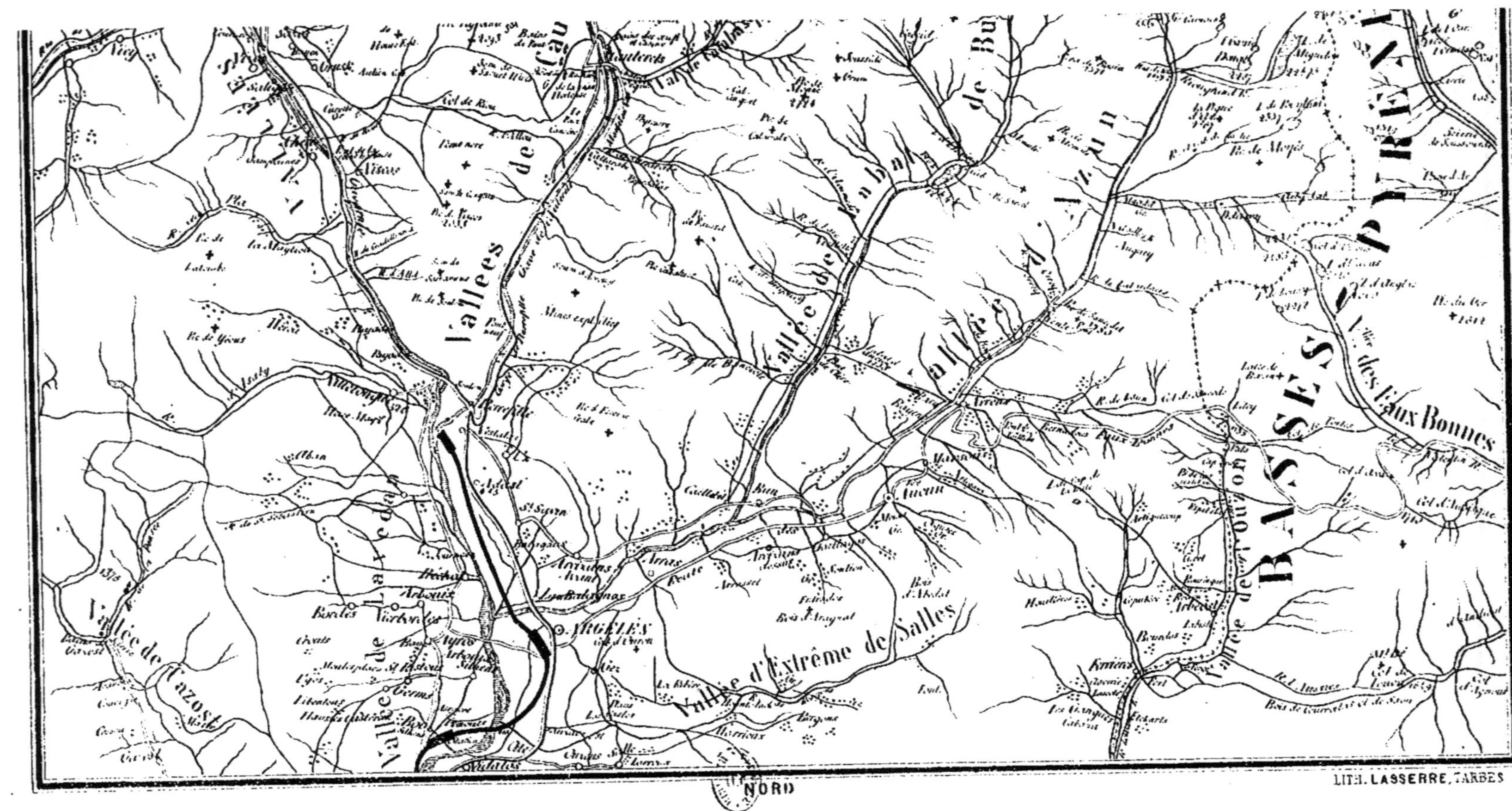

BASSES PYRÉNÉES
Vallée d'Azun
Vallée de Bun
Vallées de Cauterets
Vallée de Lavedan
Vallée d'Extrême de Salles
Vallée de Cazost
Vallée de l'Ouzon
Vallée des Eaux Bonnes
ARGELÈS
Cauterets
Pierrefitte
Arrens
Aucun
Eaux Bonnes
NORD
LITH. LASSERRE, TARBES

www.ingramcontent.com/pod-product-compliance
Ingram Content Group UK Ltd.
Pitfield, Milton Keynes, MK11 3LW, UK
UKHW022108190726
13855UKWH00002B/712